La Mort de la terre

Étonnants Classiques

Collection dirigée par Françoise Colmez

Aucassin et Nicolette
Balzac, Le Colonel Chabert. La Vendetta. La Maison du Chat-qui-pelote
Baudelaire, Verlaine, Rimbaud, Voyages en bohème
Bradbury, L'Heure H et autres nouvelles
Chedid, Fêtes et lubies
Chrétien de Troyes, Yvain
Corneille, Le Cid
Daudet, Lettres de mon moulin
Conan Doyle, Le Dernier Problème. La Maison vide
Trois aventures de Sherlock Holmes
La Farce de Maître Pathelin
Flaubert, Un cœur simple
Gautier, La Morte amoureuse et autres nouvelles
Gogol, Le Nez. Le Manteau
Hoffmann, L'Enfant étranger
Le Violon de Crémone. Les Mines de Falun
Homère, L'Odyssée :
T. 1. Ulysse reviendra-t-il à Ithaque ? (chants 1 à 7)
T. 2. Les Aventures extraordinaires d'Ulysse (chants 8 à 12)
T. 3. La Vengeance d'Ulysse (chants 13 à 24)
Hugo, Poésies I : Enfants
Poésies II : De Napoléon Ier à Napoléon III
La Fontaine, Fables
Lais de Marie de France
Maupassant, Le Papa de Simon et autres nouvelles
Le Horla et autres contes fantastiques
Mérimée, La Vénus d'Ille
Les Mille et Une Nuits :
Sindbad le marin
Le Pêcheur et le génie. Histoire de Ganem
Ali Baba et les quarante voleurs
Molière, L'Avare
Les Femmes savantes
Les Fourberies de Scapin
Le Malade imaginaire
Les Précieuses ridicules
Perrault, Contes
Poe, Double assassinat dans la rue Morgue. La Lettre volée
Pouchkine, La Dame de pique et autres nouvelles
Rabelais, Gargantua
Pantagruel
Le Roman de Renart
Rosny Aîné, La Mort de la terre
Sand, Les Ailes du courage
Le Géant Yéous
Stendhal, Vanina Vanini. Le Coffre et le revenant
Tourguéniev, Premier amour
Troyat, Aliocha
Verne, Le Humbug. Frritt-Flacc
Voltaire, Zadig
Wilde, Le Fantôme de Canterville et autres contes
Zola, L'Attaque du moulin. Les Quatre Journées de Jean Gourdon

Rosny Aîné

La Mort de la terre

Présentation, chronologie, notes
et dossier-jeu
par Yves Lochard

Étonnants Classiques
GF Flammarion

Illustrations originales de Laurent Parienty.

ISBN : 2-08-072063-5
ISSN : 1269-8822

PRÉSENTATION

Un nom, deux auteurs
Rosny et Jules Verne
L'invention de la science-fiction
Les derniers hommes

« Si je pouvais dans mon œuvre choisir un livre pour le sauver, ce serait celui-là. »

J.-H. Rosny.

Un nom, deux auteurs

« Les frères Rosny sont un grand écrivain » (J. Rodenbach). Cette louange en forme de boutade qui prend ses libertés avec la grammaire rappelle plaisamment que le pseudonyme J.-H. Rosny a bien souvent dissimulé non pas un mais deux écrivains : les frères Joseph-Henri et Séraphin-Justin Boex.

Ce nom de plume signe une œuvre monumentale. De *Nell Horn* (1886) à la mort du plus âgé des deux frères (1940), c'est plus d'une centaine d'ouvrages qui sont parus. Monumentale, mais aussi, par plusieurs aspects, énigmatique. En effet, plusieurs romans restent difficiles à dater et leur auteur difficile à identifier. Lequel des deux a véritablement tenu la plume? Quelle est la participation exacte de l'un et de l'autre ? Ce sont des questions que continuent à se poser les spécialistes.

Après une période de collaboration effective entre les deux frères (de 1886-87 à 1907-08), ils travaillent séparément sous les pseudonymes de *J.-H. Rosny aîné* ou *jeune*. De toute façon, la part de chacun dans tel ou tel ouvrage reste toujours difficile à déterminer, mais les spécialistes s'accordent à attribuer généralement à Joseph-Henri, l'aîné, le rôle de maître d'œuvre.

En plus de son caractère démesuré, cet ensemble surprend par la variété des genres et des thèmes abordés. Si Rosny est généralement identifié à son roman le plus connu, *La Guerre du feu* (1911), nombreux sont les genres qu'il a explorés. À côté de la veine préhistorique dont il est l'initiateur avec *Vamireh* (1892), cet insatiable découvreur a parcouru le champ romanesque dans tous ses secteurs, attentif à toutes les innovations et prompt à les expérimenter. Plusieurs de ses récits abordent ce qu'on nomme à l'époque la « question sociale » et mettent en scène les milieux populaires ; d'autres relèvent de la catégorie du « roman psychologique » ; mais si, dans ces domaines, il accompagne le mouvement littéraire plus qu'il ne le crée, il a mis son esprit de défricheur au service d'un genre nouveau, la science-fiction.

Rosny et Jules Verne

J.-H. Rosny aîné commence à publier alors que son illustre prédécesseur, Jules Verne, achève son cycle des *Voyages extraordinaires* (1863-1889). Mais il ne prolonge pas Jules Verne. Il ne se contente pas d'imiter paresseusement l'auteur du *Voyage au centre de la terre*.

Certes, à la base des entreprises littéraires de ces deux écrivains, comme pour la science-fiction en général, il y a une hypothèse scientifique ou les premières réalisations de l'ère industrielle. C'est le principe même de ce genre littéraire : la science-fiction ne se conçoit, ne peut apparaître que lorsque la science a atteint à la fois un stade de développement et une légitimité sociale suffisants, comme en cette fin de XIXe siècle. Mais le rapport de Rosny à la science contemporaine diffère radicalement de celui que Jules Verne entretient avec celle-ci. Les *Voyages extraordinaires* anticipent à peine sur les découvertes de l'époque; ils reposent sur quelques perfectionnements techniques, des « inventions » qui prolongent des technologies déjà effectives ou sur le point de le devenir. Le *Victoria* conçu par le docteur Samuel (*Cinq semaines en ballon*, 1863) doit beaucoup aux ballons aérostatiques de l'époque. Le *Nautilus* du Capitaine Nemo naît des expériences contemporaines de « bateaux sous-marins ». Aussi ces « anticipations » sont-elles souvent menacées d'être rattrapées par la réalité parce qu'elles n'ont que quelques décennies d'avance sur l'état de la science et la technologie contemporaine.

Avec Rosny, les déplacements dans le temps changent d'échelle. *La Guerre du feu* nous propose un « voyage dans la très lointaine préhistoire, aux temps où l'homme ne traçait encore aucune figure sur la pierre ni sur la corne, il y a peut-être cent mille ans ». De même, avec *La Mort de la terre*, c'est de plusieurs centaines de millénaires que l'auteur nous projette dans le futur. Les créatures de ses prédécesseurs gardaient une apparence quasi humaine. Contrairement à eux, les êtres qu'il imagine, qu'il les cherche dans la préhistoire (les *Xipéhuz*) ou dans un futur très lointain (les *ferromagnétaux, les Ethéraux*), ne doivent plus rien au modèle humain. Les autres romanciers, écrit-il, « préfèrent des vivants qui offrent encore une grande analogie avec ceux que nous connaissons, tandis que j'imagine volontiers des créatures ou minérales... ou faites d'une autre matière que *notre* matière, ou encore existant dans un monde régi par d'autres énergies que les nôtres ». (Préface à *La Mort de la terre*.)

D'ailleurs l'incompréhension est réciproque entre les partisans d'une littérature « d'anticipation » comme Jules Verne et les auteurs de la génération suivante, Rosny et son contemporain anglais, H. G. Wells[1]. « Il invente » aurait lâché

1. *Herbert George Wells* : écrivain anglais (1866-1946) auquel on doit *La Machine à explorer le temps* (1895), *L'Homme invisible, La Guerre des mondes* (1897).

avec dédain Jules Verne, choqué par la liberté d'inspiration des *Premiers hommes sur la lune* (1901). Symétriquement, le célèbre auteur de *La Machine à explorer le temps* refuse le titre de « Jules Verne anglais ». L'œuvre du « grand Français », écrit-il, « s'est presque toujours occupée de possibilités réelles d'invention et de découverte », et il a fait quelques prévisions remarquables. L'intérêt qu'il évoquait était d'ordre pratique; il a écrit et cru que l'on pouvait faire ceci ou cela, qui ne se faisait pas encore à l'époque. Il a aidé son lecteur à imaginer la chose faite et à comprendre quel amusement, quelle sensation ou quel mal en découlerait. Nombre de ses inventions ont été « réalisées ». Mes histoires, ajoute-t-il, « ne prétendent pas rivaliser avec les choses possibles; ce sont des exercices de l'imagination dans un domaine tout différent. [...] Elles ne visent qu'à emporter la conviction autant qu'un bon rêve qui vous empoigne[1] ».

L'INVENTION DE LA SCIENCE-FICTION

Avec Rosny et son alter ego anglo-saxon, naît le « merveilleux scientifique » qui désigne cette forme de littérature jusqu'à ce que nous empruntions aux Américains le terme « science-fiction ».

« Merveilleux scientifique » : surprenante asso-

1. H. G. Wells, préface aux *Romans scientifiques* (1933).

ciation de deux termes contradictoires. Le premier admet le surnaturel, la naïveté des légendes. Il s'en remet à la toute-puissance de l'imaginaire. Le second refuse les enchantements de l'imagination pour leur préférer les certitudes de la connaissance scientifique.

Mais, pour Rosny, la contradiction n'était qu'apparente. Il refusait l'opinion commune selon laquelle les deux termes seraient inconciliables et s'appliqua à les réconcilier à travers sa création. « La science est chez moi une passion poétique », écrit-il dans *Torches et Lumignons*, un livre de souvenirs. « Elle m'ouvre par myriades des défilés [...] dans l'univers[1]. » Il a très tôt perçu que la science, loin d'étouffer l'imagination, suscitait une ouverture vers des mondes imaginaires. Elle ouvre des champs dont on ne soupçonnait même pas l'existence. Certes, elle transforme notre regard sur un monde, désormais privé de sa magie, désensorcelé ; certes, elle contribue à mettre au rang des superstitions toute explication autre que scientifique.

Pourtant, aux yeux de Rosny, elle n'a pas pour effet de brider notre imagination. Le désenchantement du monde fait naître une autre forme d'enchantement qui prend appui sur les avancées de la science. C'est par le détour de ces découvertes, les horizons infinis qu'elles ouvrent, que les romans de science-fiction de

1. J.-H. Rosny aîné, *Torches et Lumigons. Souvenirs de la vie littéraire* (1921), p. 11.

Rosny rejoignent le merveilleux, un merveilleux dont il a su, avec d'autres, renouveler les sources.

Tout comme son heureux rival anglo-saxon, H. G. Wells, il possède une culture scientifique saluée par les savants de son époque, notamment le physicien Jean Perrin. « Mathématiques, astronomie, physique, géologie, biologie, lui sont également familières. Et il ne s'agit pas là d'une assimilation superficielle : en science aussi bien qu'en littérature, Rosny aîné a les dons d'un génie créateur[1]. »

Les derniers hommes

Rosny est persuadé du bien-fondé des théories de Lamarck et Darwin[2] selon lesquels les représentants du règne animal, du plus rudimentaire aux plus complexes, évoluent, se transforment en fonction de leur environnement et de leurs capacités d'adaptation. Les romans de sa série préhistorique en sont la plus parfaite illustration. Il « croit » à la transformation des espèces et ses héros incarnent cette marche inéluctable et salu-

1. Jean Perrin, *Portraits et Souvenirs* (1936).

2. Au début du XIXe siècle encore, les savants acceptaient l'idée commune selon laquelle l'homme et les autres espèces créés par Dieu à l'origine du monde n'auraient connu aucune modification. Le Français Jean-Baptiste Lamarck (1744-1829) et l'Anglais Charles Darwin (1809-1882) imposèrent progressivement le principe d'une évolution des espèces.

taire de l'espèce humaine vers un degré supérieur de civilisation. Le monde vivant est mû par une « énergie évolutive » (p. 44) qui condamne certaines espèces à disparaître et permet à d'autres de s'épanouir en suscitant chez elles de nouvelles capacités. À l'époque où les dernières générations peuplent la planète, les animaux n'ont pas survécu ; mais les oiseaux ont acquis une forme rudimentaire de langage.

Sur la terre presque totalement gagnée par la sécheresse, désertée par les animaux à l'exception des oiseaux, l'homme tente de survivre au prix d'une adaptation de son organisme à ces nouvelles conditions de vie. « Les organes digestifs avaient accusé, en moins de cent siècles, une diminution notable, tandis que l'appareil respiratoire s'accroissait en raison directe de la raréfaction de l'atmosphère[1]. »

Pourtant l'homme a clairement conscience qu'il est appelé à disparaître. Son destin est d'être remplacé par d'autres espèces, les *ferromagnétaux*, ces « étranges créatures magnétiques qui se multiplient sur la planète » pendant que décline l'humanité et qui menacent d'anéantir les derniers humains. Condamnés par les lois de l'évolution, les survivants regroupés autour de rares oasis leur opposent une résistance valeureuse mais vouée à l'échec, dérisoire. L'homme n'échappe pas aux lois de l'évolution. Elles s'imposent à lui comme à l'univers tout entier.

1. *La Mort de la terre*, p. 43.

C'est ce qui donne à son ultime combat l'allure d'une fatalité acceptée. De ce point de vue, *La Mort de la terre* s'inscrit dans la tradition de ces récits de fin du monde qui, depuis l'*Apocalypse* selon saint Jean [1], font de cette fin la promesse d'un renouveau. Comme dans cette tradition millénaire, l'effroi des catastrophes apocalyptiques annonce et prépare la naissance d'une création nouvelle. L'homme ne disparaît pas totalement puisqu'il se survit à travers les créatures minérales qui lui succèdent et grâce auxquelles il entre dans une « Vie nouvelle ».

1. Dernier livre du Nouveau Testament attribué à saint Jean ; la fin des temps y est synonyme d'une ère nouvelle.

CHRONOLOGIE

Repères historiques et culturels

1863	Jules Verne publie *Cinq semaines en ballon.*
1865	Jules Verne publie *De la terre à la lune.*
1886	Jules Verne publie *Robur le conquérant.*
1895	H. G. Wells publie *La Machine à explorer le temps.*
1898	H. G. Wells publie *La Guerre des mondes.* Découverte du radium par Pierre Curie.
1912	Arthur Conan Doyle publie *Le Monde perdu.*

Vie et œuvre de J.-H. Rosny aîné

1856 (17 février) Naissance à Bruxelles de Joseph-Henri Boex.

1859 Naissance de Séraphin-Justin, son frère.

1863 Mort de leur père.

1874 Joseph-Henri fait de brèves études et apprend le métier d'employé de bureau.

1875 Installé à Londres, il y épouse une Londonienne, Gertrude Holmes dont il aura trois enfants. Il y rédige son premier roman (*Nell Horn*) qui ne paraîtra qu'en 1886 après leur retour à Paris.

1887 Début de la collaboration avec son frère. Parution des *Xipéhuz*, son premier texte de science-fiction. Il signe le « manifeste des cinq » dirigé contre le roman de Zola, *La Terre*.

Au cours des années suivantes Rosny fréquente plusieurs grands savants : Pierre Curie, Jean Perrin, Paul Langevin.

1903 Création de l'Académie Goncourt.

1908 Fin de la période de collaboration avec son frère cadet.

1911 Publication de son roman préhistorique le plus célèbre, *La Guerre du feu*.

1912 Publication de *La Mort de la Terre*.

1920 Il devient Président de l'Académie Goncourt et le restera jusqu'à sa mort.

1940 Il meurt à Paris le 15 février.

La Mort de la terre

1

Paroles à travers l'étendue

L'affreux vent du Nord s'était tu. Sa voix mauvaise, depuis quinze jours, remplissait l'oasis de crainte et de tristesse. Il avait fallu dresser les brise-ouragan et les serres de silice élastique. Enfin, l'oasis commençait à tiédir.

Targ, le veilleur du Grand Planétaire, ressentit une de ces joies subites qui illuminèrent la vie des hommes, aux temps divins de l'Eau. Que les plantes étaient belles encore ! Elles reportaient Targ à l'amont des âges, alors que des océans couvraient les trois quarts du monde, que l'homme croissait parmi des sources, des rivières, des fleuves, des lacs, des marécages. Quelle fraîcheur animait les générations innombrables des végétaux et des bêtes ! La vie pullulait jusqu'au plus profond des mers. Il y avait des prairies et des sylves[1] d'algues comme des forêts d'arbres et des savanes d'herbes. Un avenir immense s'ouvrait devant les créatures ;

1. *Sylves* : forêts.

l'homme pressentait à peine les lointains descendants qui trembleraient en attendant la fin du monde. Imagina-t-il jamais que l'agonie durerait plus de cent millénaires ?

Targ leva les yeux vers le ciel où plus jamais ne paraîtraient des nuages. La matinée était fraîche encore, mais, à midi, l'oasis serait torride.

— La moisson est prochaine ! murmura le veilleur.

Il montrait un visage bistre, des yeux et des cheveux aussi noirs que l'anthracite. Comme tous les Derniers Hommes, il avait la poitrine spacieuse, tandis que le ventre se rétrécissait. Ses mains étaient fines, ses mâchoires petites, ses membres décelaient plus d'agilité que de force. Un vêtement de fibres minérales, aussi souple et chaud que les laines antiques, s'adaptait exactement à son corps ; son être exhalait une grâce résignée, un charme craintif que soulignaient les joues étroites et le feu pensif des prunelles.

Il s'attardait à contempler un champ de hautes céréales, des rectangles d'arbres, dont chacun portait autant de fruits que de feuilles, et il dit :

— Âges sacrés, aubes prodigieuses où les plantes couvraient la jeune planète !

Comme le Grand Planétaire était aux confins de l'oasis et du désert, Targ pouvait apercevoir un sinistre paysage de granits, de silices et de métaux, une plaine de désolation étendue jusqu'aux contreforts des montagnes nues, sans glaciers, sans sources, sans un brin d'herbe ni une plaque de lichen[1]. Dans ce désert de mort, l'oasis, avec ses plantations rectilignes et ses villages métalliques, était une tache misérable.

Targ sentit peser la vaste solitude et les monts implacables ; il leva mélancoliquement la tête vers la conque[2] du Grand Planétaire. Cette conque étalait une corolle soufre vers l'échancrure des montagnes. Faite d'arcum et sensible comme une rétine, elle ne recevait que les rythmes du large, émanés[3] des oasis et, selon le réglage, éteignait ceux auxquels le veilleur ne devait pas répondre.

Targ l'aimait comme un emblème des rares aventures encore possibles à la créature humaine ; dans ses tristesses, il se tournait vers elle, il en attendait du courage ou de l'espérance.

Une voix le fit tressaillir. Avec un faible sourire, il vit monter vers la plate-forme une jeune fille aux contours rythmiques. Elle portait librement ses cheveux de ténèbres ; son buste ondulait aussi flexible que la tige des longues céréales. Le veilleur la considérait avec amour. Sa sœur Arva était la seule créature près de qui il retrouvât ces minutes subites, imprévues et charmantes, où il semblait que, au fond du mystère, quelques

1. *Lichen* : végétal résistant à la sécheresse.
2. *Conque* : cuvette en forme de grand coquillage.
3. *Émanés* : provenant.

énergies veillaient encore pour le sauvetage des hommes.

Elle s'exclama, avec un rire contenu :

— Le temps est beau, Targ... Les plantes sont heureuses !

Elle aspira l'odeur consolante qui sourd de la chair verte des feuilles ; le feu noir de ses yeux palpitait. Trois oiseaux planèrent au-dessus des arbres et s'abattirent au bord de la plate-forme. Ils avaient la taille des anciens condors, des formes aussi pures que celles des beaux corps féminins, d'immenses ailes argentines, glacées d'améthyste, dont les pointes émettaient une lueur violette. Leurs têtes étaient grosses, leurs becs très courts, très souples, rouges comme des lèvres ; et l'expression de leurs yeux se rapprochait de l'expression humaine. L'un d'eux, levant la tête, fit entendre des sons articulés ; Targ prit la main d'Arva avec inquiétude.

— Tu as compris ? fit-il. La terre s'agite !...

Quoique, depuis très longtemps, aucune oasis n'eût péri par les secousses sismiques [1] et que l'amplitude de celles-ci eût bien diminué depuis l'ère sinistre où elles avaient brisé la puissance humaine, Arva partagea le trouble de son frère.

Mais une idée capricieuse lui passant par l'esprit :

— Qui sait, fit-elle, si, après avoir fait tant de mal à nos frères, les tremblements de terre ne nous deviendront pas favorables ?

1. *Secousses sismiques* : tremblements de terre.

— Et comment? demanda Targ avec indulgence.

— En faisant reparaître une partie des eaux!

Il y avait souvent rêvé, sans l'avoir dit à personne, car une telle pensée eût paru stupide et presque blasphématoire à une humanité déchue, dont toutes les terreurs évoquaient des soulèvements planétaires.

— Tu y penses donc aussi, s'exclama-t-il avec exaltation... Ne le dis à personne! Tu *les* offenserais jusqu'au fond de l'âme!

— Je ne pouvais le dire qu'à toi.

De toutes parts surgissaient des bandes blanches d'oiseaux : ceux qui avaient rejoint Targ et Arva piétaient avec impatience. Le jeune homme leur parlait, en employant une syntaxe[1] particulière. Car, à mesure que se développait leur intelligence, les oiseaux s'étaient initiés au langage, — un langage qui n'admettait que des termes concrets et des phrases-images.

Leur notion de l'avenir demeurait obscure et courte, leur prévoyance instinctive. Depuis que l'homme ne se servait plus d'eux comme nourriture, ils vivaient heureux, incapables de concevoir leur propre mort et plus encore la fin de leur espèce.

L'oasis en élevait douze cents environ, dont la présence était d'une vive douceur et fort utile. L'homme, n'ayant pu regagner l'instinct, perdu pendant les ères de sa puissance, la condition

1. *Syntaxe* : constructions grammaticales.

actuelle du milieu le mettait aux prises avec des phénomènes que ne pouvaient guère signaler les appareils, si délicats pourtant, hérités des ancêtres, et que prévoyaient les oiseaux. Si ceux-ci avaient disparu, dernier vestige de la vie animale, une plus amère désolation se serait abattue sur les âmes.

— Le péril n'est pas immédiat! murmura Targ.

Une rumeur parcourait l'oasis; des hommes jaillissaient aux abords des villages et des emblavures[1]. Un individu trapu, dont le crâne massif semblait directement posé sur le torse, apparut au pied du Grand Planétaire. Il ouvrait des yeux dessillés et pauvres, dans un visage couleur d'iode; ses mains, plates et rectangulaires, oscillaient au bout des bras courts.

— Nous verrons la fin du monde! grogna-t-il... Nous serons la dernière génération des hommes.

Derrière lui, on entendit un rire caverneux. Dane, le centenaire, se montra avec son arrière-petit-fils et une femme aux yeux longs, aux cheveux de bronze. Elle marchait aussi légèrement que les oiseaux.

— Non, nous ne la verrons pas, affirma-t-elle. La mort des hommes sera lente... L'eau décroîtra jusqu'à ce qu'il n'y ait plus que quelques familles autour d'un puits. Et ce sera plus terrible.

1. *Emblavures* : terrains ensemencés de céréales.

— Nous verrons la fin du monde ! s'obstina l'homme trapu.

— Tant mieux ! fit l'arrière-petit-fils de Dane. Que la terre boive, aujourd'hui même, les dernières sources !

Sa face sinueuse, très étroite, décelait une tristesse sans bornes ; il s'étonnait lui-même de n'avoir pas supprimé son existence.

— Qui sait s'il n'y a pas un espoir ! marmonna l'ancêtre.

Le cœur de Targ battit ; il abaissa vers le centenaire des yeux où scintilla la jeunesse.

— Oh ! père !... s'écria-t-il.

Déjà la face du vieillard s'était immobilisée. Il retomba dans ce rêve taciturne, qui le faisait ressembler à un bloc de basalte ; Targ garda pour lui sa pensée.

La foule grossissait aux confins du désert et de l'oasis. Quelques planeurs s'élevèrent, qui venaient du Centre. On était à l'époque où le travail ne sollicitait guère les hommes : il n'y avait qu'à attendre le temps des récoltes. Car aucun insecte, aucun microbe, ne survivaient. Resserrés sur d'étroits domaines, hors desquels toute vie « protoplasmique[1] » était impossible, les aïeux avaient mené une lutte efficace contre les parasites. Même les organismes microscopiques ne purent se maintenir, privés de cet imprévu qui résulte des agglomérations denses,

1. « *Protoplasmique* » : concernant la matière de la cellule vivante.

des grands espaces, des transformations et des déplacements perpétuels.

D'ailleurs, maîtres de la distribution de l'eau, les hommes disposaient d'un pouvoir irrésistible contre les êtres qu'ils voulaient détruire. L'absence des anciens animaux domestiques et sauvages, véhicules incessants d'épidémie, avait encore avancé l'heure du triomphe. Maintenant l'homme, les oiseaux et les plantes étaient pour toujours à l'abri des maladies infectieuses.

Leur vie n'en était pas plus longue : beaucoup de microbes bienfaisants ayant disparu avec les autres, les infirmités propres à la machine humaine s'étaient développées, et des maladies nouvelles avaient surgi, maladies que l'on eût pu croire causées par des « microbes minéraux ». Par suite, l'homme retrouvait au-dedans des ennemis analogues à ceux qui le menaçaient au-dehors, et, quoique le mariage fût un privilège réservé aux plus aptes, l'organisme atteignait rarement un âge avancé.

Bientôt plusieurs centaines d'hommes se trouvèrent réunis autour du Grand Planétaire. Il n'y avait qu'un faible tumulte; la tradition du malheur se transmettait depuis trop de générations pour ne pas avoir tari ces réserves d'épouvante et de douleur qui sont la rançon des joies puissantes et des vastes espérances. Les Derniers Hommes avaient une sensibilité restreinte et guère d'imagination.

Toutefois, la foule était inquiète; quelques visages se crispaient; ce fut un soulagement lorsqu'un quadragénaire, sautant d'une Motrice, cria :

— Les appareils sismiques ne signalent rien encore... La secousse sera faible.

— De quoi nous inquiétons-nous? s'écria la femme aux longs yeux. Que pouvons-nous faire et prévoir? Toutes les mesures sont prises depuis les siècles des siècles! Nous sommes à la merci de l'inconnu : c'est une affreuse sottise de s'enquérir d'un péril inévitable!

— Non, Hélé, répondit le quadragénaire; ce n'est pas de la sottise, c'est de la vie. Tant que les hommes auront la force de s'inquiéter, leurs jours auront encore quelque douceur. Après, ils seront morts dès l'heure de leur naissance.

— Qu'il en soit ainsi! ricana le petit-fils de Dane. Nos joies misérables et nos débiles[1] tristesses valent moins que la mort.

Le quadragénaire secoua la tête. Comme Targ et sa sœur, il avait encore de l'avenir dans son âme et de la force dans sa large poitrine. Son regard clair rencontrant les yeux frais d'Arva, une fine émotion accéléra son souffle.

Cependant, d'autres groupes se rassemblaient aux divers secteurs de la périphérie. Grâce aux ondifères, disposés de mille en mille mètres, ces groupes communiquaient librement.

On pouvait entendre, *à volonté*, les rumeurs d'un district ou même de toute la population. Cette communion condensait l'âme des foules

1. *Débiles* : faibles, fragiles.

et agissait comme un stimulant énergique. Et il y eut une manière d'exaltation lorsqu'un message de l'oasis des Terres-Rouges vibra dans la conque du Grand Planétaire et se répercuta d'ondifère en ondifère. Il apprenait que, là-bas, non seulement les oiseaux, mais les sismographes annonçaient des troubles souterrains. Cette confirmation du péril resserra les groupes.

Manô, le quadragénaire, avait gravi la plate-forme; Targ et Arva étaient pâles. Et, comme la jeune fille tremblait un peu, le nouveau venu murmura :

— L'étroitesse même des oasis, et leur petit nombre, doivent nous rassurer. La probabilité est bien faible qu'elles se trouvent dans les zones dangereuses.

— D'autant moins le sont-elles, appuya Targ, que c'est leur position même qui, jadis, les a sauvées!

Le petit-fils de Dane avait entendu; il eut son ricanement sinistre :

— Comme si les zones ne variaient pas de période en période! D'ailleurs, ne peut-il suffire d'une faible secousse, mais frappant juste, pour tarir les sources?

Il s'éloigna, plein d'une ironie morne. Targ, Arva et Manô avaient tressailli. Ils demeurèrent une minute taciturnes, puis le quadragénaire reprit :

— Les zones varient avec une extrême lenteur. Depuis deux cents ans, les fortes secousses ont passé au large du désert. Leurs répercussions n'ont pas altéré les sources. Seules, les Terres-Rouges, la Dévastation et l'Occidentale sont voisines des régions dangereuses...

Il considérait Arva avec une admiration douce, où levait la fleur d'amour. Veuf depuis trois ans, il souffrait de sa solitude. Malgré la révolte de son énergie et de sa tendresse, il s'y était résigné. Les lois fixaient avec rigueur le nombre des unions et des naissances.

Mais, depuis quelques semaines, le Conseil des Quinze avait inscrit Manô parmi ceux qui pouvaient refaire une famille : la santé de ses enfants justifiait cette faveur. Et, l'image d'Arva se métamorphosant dans l'âme de Manô, la légende obscure, une fois encore, recevait la lumière.

— Mêlons de l'espoir à nos inquiétudes ! s'exclama-t-il. Est-ce que même aux merveilleuses époques de l'Eau, la mort de chaque homme n'était pas pour lui la fin du monde ? Ceux qui vivent en ce moment sur la terre courent bien moins de risques, individuellement, que nos pères d'avant l'ère radioactive !

Il parlait fervemment[1]. Car il avait toujours repoussé cette résignation lugubre qui dévastait ses semblables. Sans doute, un trop long atavisme ne lui permettait de la fuir que par intermittences. Toutefois, il avait plus qu'un autre connu la joie de vivre l'étincelante minute qui passe.

1. *Fervemment* : avec enthousiasme.

Arva l'écoutait avec faveur, mais Targ ne pouvait pas concevoir qu'on négligeât l'avenir de l'espèce. Si, comme Manô, il lui arrivait d'être brusquement saisi par la volupté fugitive[1], il y mêlait toujours ce grand rêve du Temps, qui avait mené les ancêtres.

— Je ne puis me désintéresser de notre descendance, riposta-t-il.

Et, tendant la main vers l'immense solitude :

— Que l'existence serait belle si *notre* règne occupait ces affreux déserts ! Ne songez-vous jamais qu'il y avait là des mers, des lacs, des fleuves..., des plantes innombrables et, avant la période radioactive, des forêts vierges ? Ah ! Manô, des forêts vierges !... Et, maintenant, une vie obscure dévore notre antique patrimoine !...

Manô leva doucement les épaules :

— C'est un mal d'y penser, puisque, en dehors des oasis, la terre est aussi inhabitable pour nous, plus peut-être, que Jupiter ou Saturne.

Une rumeur les interrompit ; les têtes se dressèrent, attentives : on vit survenir une nouvelle troupe d'oiseaux. Ils annonçaient que là-bas, à l'ombre des rocs, une jeune fille évanouie était la proie des ferromagnétaux. Et, tandis que deux planeurs s'élevaient sur le désert, la foule songeait aux étranges créatures magnétiques qui se multipliaient sur la planète pendant que déclinait l'humanité. De longues minutes s'écou-

1. *Volupté fugitive* : désir passager.

lèrent; les planeurs reparurent : l'un d'eux rapportait un corps inerte, en qui tous reconnurent Elma la Nomade. C'était une fille singulière, orpheline, et peu aimée, car elle avait des instincts de rôdeuse, dont la sauvagerie déconcertait ses semblables. Rien ne pouvait l'empêcher, certains jours, de fuir à travers les solitudes...

On l'avait déposée sur la plate-forme du Planétaire; son visage, mi-enseveli dans les longs cheveux noirs, apparut livide, encore que parsemé de points écarlates.

— Elle est morte! déclara Manô... Les *Autres* ont *bu* sa vie!

— Pauvre petite Elma! s'écria Targ.

Il la considérait avec pitié et, si passive qu'elle fût, la foule grondait de haine contre les ferromagnétaux.

Mais les résonateurs, clamant des phrases éclatantes, détournèrent l'attention.

« Les sismographes décèlent une secousse brusque dans la zone des Terres-Rouges... »

— Ah! Ah! cria la voix plaintive de l'homme trapu.

Aucun écho ne lui répondit. Les visages étaient dirigés vers le Grand Planétaire. La multitude attendait, dans une frissonnante impatience.

— Rien! s'exclama Manô après deux minutes d'attente... Si les Terres-Rouges avaient été atteintes, nous le saurions déjà...

Un appel strident lui coupa la parole. Et la conque du Grand Planétaire clama :

« Immense secousse... L'oasis entière se soulève... Catas... »

Puis, des sons confus, un entrechoquement sourd..., le silence...

Tous, hypnotisés, attendirent pendant plus d'une minute. Ensuite, la foule eut une rude respiration; les moins émotifs s'agitèrent.

— C'est un grand désastre! annonça le vieux Dane.

Personne n'en doutait. Les Terres-Rouges possédaient dix planétaires de grande communication, dirigeables en tous sens. Pour que les dix se tussent, il fallait qu'ils fussent tous déracinés ou que la consternation des habitants fût extraordinaire.

Targ, orientant le transmetteur, darda un appel prolongé. Aucune réponse. Une lourde horreur pesa sur les âmes. Ce n'était pas le trouble ardent des hommes de jadis, c'était une détresse lente, lasse, dissolvante. Des liens étroits unissaient les Hautes-Sources et les Terres-Rouges. Depuis cinq mille ans, les deux oasis entretenaient des relations continues, soit par les résonateurs, soit par des visites fréquentes, en planeurs ou en motrices. Trente relais, munis de planétaires, jalonnaient la voie, longue de dix-sept cents kilomètres, qui reliait les deux peuplades.

— Il faut attendre! clama Targ, penché sur la plate-forme. Si l'affolement empêche nos amis de répondre, ils ne sauraient tarder à reprendre leur sang-froid.

Mais personne ne croyait que les hommes des Terres-Rouges fussent capables d'un tel affolement ; leur race était moins émotive encore que celle des Hautes-Sources : capable de tristesse, elle ne l'était guère d'épouvante.

Targ, lisant l'incrédulité sur tous les visages, reprit :

— Si leurs appareils sont détruits, avant un quart d'heure des messages peuvent atteindre le premier relais...

— À moins, objecta Hélé, que les planeurs ne soient endommagés... Quant aux motrices, il est improbable qu'elles franchissent, avant quelque temps, une enceinte en décombres.

Cependant, la population tout entière se portait vers la zone méridionale. En quelques minutes, les planeurs et les motrices versèrent des milliers d'hommes et de femmes vers le Grand Planétaire. Les rumeurs montaient, comme de longs souffles, entrecoupées de silences. Et les membres du Conseil des Quinze, interprétateurs des lois et juges des actes unanimes, se rassemblèrent sur la plate-forme. On reconnaissait le visage triangulaire, la rude chevelure blanc de sel de la vieille Bamar, et la tête bosselée d'Omal, son mari, dont soixante-dix ans de vie n'avaient pu pâlir la barbe fauve. Ils étaient laids, mais vénérables, et leur autorité était grande, car ils avaient donné une descendance sans tare.

Bamar, s'assurant que le Planétaire était bien orienté, envoya à son tour quelques ondes.

Devant le silence du récepteur, son visage s'assombrit encore.

— Jusqu'à présent, la Dévastation est sauve! murmura Omal..., et les sismographes n'annoncent aucune secousse dans les autres zones humaines.

Soudain, un bruissement d'appel strida[1] et, tandis que la multitude se dressait, hypnotique, on entendit gronder le Grand Planétaire :

« Du premier relais des Terres-Rouges. Deux secousses puissantes ont soulevé l'oasis. Le nombre des morts et des blessés est considérable; les récoltes sont anéanties; les eaux semblent menacées. Des planeurs partent pour les Hautes-Sources... »

Ce fut une ruée. Les hommes, les planeurs et les motrices surgissaient par torrents. Une excitation inconnue depuis des siècles soulevait les âmes résignées : la pitié, la crainte et l'inquiétude rajeunissaient cette multitude du Dernier-Âge.

Le Conseil des Quinze délibérait, tandis que Targ, tout tremblant, répondait au message des Terres-Rouges et annonçait le départ prochain d'une délégation.

Aux heures tragiques, les trois oasis sœurs — Terres-Rouges, Hautes-Sources, la Dévastation — se devaient des secours. Omal, qui avait une connaissance parfaite de la tradition, déclara :

— Nous avons des provisions pour cinq ans.

1. *Strida* : fit un bruit aigu.

Le quart peut être réclamé par les Terres-Rouges... Nous sommes aussi tenus de recueillir deux mille réfugiés, si c'est *inévitable.* Mais ils n'auront que des rations réduites et il leur sera interdit de s'accroître. Nous-mêmes devrons limiter nos familles, car il faut, *avant quinze ans*, ramener la population au chiffre traditionnel...

Le Conseil approuva ce rappel aux lois, puis Bamar cria vers la foule :

— Le Conseil va nommer ceux qui partiront pour les Terres-Rouges. Il n'y en aura pas plus de neuf. D'autres seront envoyés lorsque nous connaîtrons les besoins de nos frères.

— Je demande à partir, supplia le veilleur.

— Et moi ! ajouta vivement Arva.

Les yeux de Manô étincelèrent :

— Si le Conseil le veut, je serai aussi parmi les envoyés.

Omal leur jeta un regard favorable. Car il avait jadis, comme eux, connu ces mouvements spontanés, si rares parmi les Derniers Hommes.

À part Amat, adolescent frêle, la foule attendait passivement la décision du Conseil. Soumises aux règles millénaires, accoutumées à une existence monotone, que troublaient seuls les météores, les peuplades avaient perdu le goût de l'initiative. Résignées, patientes, douées d'un grand courage passif, rien ne les excitait aux aventures. Les déserts énormes qui les enveloppaient, vides de toute ressource humaine, pesaient sur leurs actes comme sur leurs pensées.

— Rien ne s'oppose au départ de Targ, d'Arva et de Manô, remarqua la vieille Bamar... Mais la route est longue pour Amat. Que le Conseil décide.

Tandis que le Conseil délibérait, Targ contemplait l'étendue sinistre. Une douleur amère l'accablait. Le désastre des Terres-Rouges pesait sur lui plus pesamment que sur ses frères. Car leurs espoirs ne portaient que sur la lenteur des finales déchéances[1], tandis qu'il s'obstinait à rêver des métamorphoses heureuses. Et les circonstances confirmaient amèrement la Tradition.

1. *Déchéances* : déclins.

2

Vers les Terres-Rouges

Les neuf planeurs volaient vers les Terres-Rouges. Ils ne s'écartaient guère des deux routes que, depuis cent siècles, suivaient les motrices. Les ancêtres avaient construit de grands refuges en fer vierge, avec résonateur planétaire et de nombreux relais, moins importants. Les deux routes étaient bien entretenues. Comme les motrices y passaient rarement et que leurs roues étaient munies de fibres minérales, très élastiques; comme, par ailleurs, les hommes des deux oasis savaient encore se servir partiellement des énergies énormes qu'avaient captées leurs ascendants, l'entretien exigeait plus de surveillance que de travail. Les ferromagnétaux ne s'y montraient guère et n'y faisaient que des dégâts insignifiants; un piéton aurait pu y marcher une journée entière sans presque ressentir d'influence nocive; mais il n'aurait pas été prudent de faire des haltes trop longues ni surtout de s'y endormir : bien des malades y avaient perdu comme Elma tous leurs globules rouges et y étaient morts d'anémie.

Les Neuf ne couraient aucun péril : chacun dirigeait un planeur léger qui, du reste, eût pu emporter quatre hommes. Alors même qu'un accident surviendrait aux deux tiers des appareils, l'expédition ne serait pas compromise.

Doués d'une élasticité presque parfaite, les planeurs étaient construits pour résister aux chocs les plus rudes et pour braver l'ouragan.

Manô avait pris la tête. Targ et Arva sillaient presque de conserve. L'agitation du jeune homme ne cessait de s'accroître. Et l'histoire des grandes catastrophes, fidèlement transmise de génération en génération, hantait sa mémoire.

Depuis cinq cents siècles, les hommes n'occupaient plus, sur la planète, que des îlots dérisoires. L'ombre de la déchéance avait de loin précédé les catastrophes. À des époques fort anciennes, aux premiers siècles de l'ère radio-active, on signale déjà la décroissance des eaux : maints savants prédisent que l'Humanité périra par la sécheresse. Mais quel effet ces prédictions pouvaient-elles produire sur des peuples qui voyaient des glaciers couvrir leurs montagnes, des rivières sans nombre arroser leurs sites, d'immenses mers battre leurs continents ? Pourtant, l'eau décroissait lentement, sûrement, absorbée par la terre et volatilisée dans le firmament *. Puis, vinrent les fortes catastrophes. On

* Dans les hautes régions atmosphériques, la vapeur

vit d'extraordinaires remaniements du sol; parfois, des tremblements de terre, en un seul jour, détruisaient dix ou vingt villes et des centaines de villages : de nouvelles chaînes de montagnes se formèrent, deux fois plus hautes que les antiques massifs des Alpes, des Andes ou de l'Himalaya; l'eau tarissait de siècle en siècle. Ces énormes phénomènes s'aggravèrent encore. À la surface du soleil, des métamorphoses se décelaient qui, d'après des lois mal élucidées, retentirent sur notre pauvre globe. Il y eut un lamentable enchaînement de catastrophes : d'une part, elles haussèrent les hautes montagnes jusqu'à vingt-cinq et trente mille mètres; d'autre part, elles firent disparaître d'immenses quantités d'eau.

On rapporte que, au début de ces révolutions sidérales, la population humaine avait atteint le chiffre de vingt-trois milliards d'individus. Cette masse disposait d'énergies démesurées. Elle les tirait des proto-atomes (comme nous le faisons encore, quoique imparfaitement, nous-mêmes) et ne s'inquiétait guère de la fuite des eaux, tellement elle avait perfectionné les artifices de la culture et de la nutrition. Même, elle se flattait de vivre prochainement de produits organiques élaborés par les chimistes. Plusieurs fois, ce

---

d'eau fut de tout temps décomposée, par les rayons ultra-violets, en oxygène et en hydrogène : l'hydrogène s'échappait dans l'étendue interstellaire (Note de l'auteur).

vieux rêve parut réalisé : chaque fois, d'étranges maladies ou des dégénérescences rapides décimèrent les groupes soumis aux expériences. Il fallut s'en tenir aux aliments qui nourrissaient l'homme depuis les premiers ancêtres. À la vérité, ces aliments subissaient de subtiles métamorphoses, tant du fait de l'élevage et de l'agriculture que du fait des manipulations savantes. Des rations réduites suffisaient à l'entretien d'un homme; et les organes digestifs avaient accusé, en moins de cent siècles, une diminution notable, tandis que l'appareil respiratoire s'accroissait en raison directe de la raréfaction[1] de l'atmosphère.

Les dernières bêtes sauvages disparurent; les animaux comestibles, par comparaison à leurs ascendants, étaient de véritables zoophytes, des masses ovoïdes et hideuses, aux membres transformés en moignons, aux mâchoires atrophiées par le gavage. Seules, quelques espèces d'oiseaux échappèrent à la dégradation et prirent un merveilleux développement intellectuel.

Leur douceur, leur beauté et leur charme croissaient d'âge en âge. Ils rendaient des services imprévus, à cause de leur instinct, plus délicat que celui de leurs maîtres, et ces services étaient particulièrement appréciés dans les laboratoires.

Les hommes de cette puissante époque

1. *Raréfaction* : diminution.

connurent une existence inquiète. La poésie magnifique et mystérieuse était morte. Plus de vie sauvage, plus même ces immenses étendues presque libres : les bois, les landes, les marais, les steppes, les jachères de la période radio-active. Le suicide finissait par être la plus redoutable maladie de l'espèce.

En quinze millénaires, la population terrestre descendit de vingt-trois à quatre milliards d'âmes; les mers, réparties dans les abîmes, n'occupaient plus que le quart de la surface; les grands fleuves et les grands lacs avaient disparu; les monts pullulaient, immenses et funèbres. Ainsi la planète sauvage reparaissait, — mais nue!

L'homme, cependant, luttait éperdument. Il s'était flatté, s'il ne pouvait vivre sans eau, de fabriquer celle dont il aurait besoin pour ses usages domestiques et agricoles; mais les matériaux utiles devenaient rares, sinon à des profondeurs qui rendaient leur exploitation dérisoire. Il fallut se rabattre sur des procédés de conservation, sur des moyens ingénieux pour ménager l'écoulement et pour tirer le maximum d'effet du fluide nourricier.

Les animaux domestiques périrent, incapables de s'habituer aux nouvelles conditions vitales : en vain tenta-t-on de refaire des espèces plus rustiques; une dégradation deux cents fois millénaire avait tari l'énergie évolutive. Seuls les oiseaux et les plantes résistaient. Celles-ci reprirent quelques formes ancestrales; ceux-là s'adaptèrent au milieu : beaucoup, redevenant sauvages, construisirent leurs aires à des hauteurs où l'homme pouvait d'autant moins les poursuivre que la raréfaction de l'air, quoique bien moindre, accompagnait celle de l'eau. Ils vécurent de déprédations[1] et déployèrent une ruse si raffinée qu'on ne put les empêcher de se maintenir. Quant à ceux qui demeuraient parmi nos ancêtres, leur sort fut d'abord épouvantable. On tenta de les avilir à l'état de bêtes comestibles. Mais leur conscience était devenue trop lucide ; ils luttèrent affreusement pour échapper à leur sort. Il y eut des scènes aussi hideuses que ces épisodes des temps primitifs où l'homme mangeait l'homme, où des peuples entiers étaient réduits en servitude. L'horreur pénétra les âmes, peu à peu on cessa de brutaliser les compagnons de planète et de s'en repaître.

D'ailleurs, les phénomènes sismiques continuaient à remanier les terres et à détruire les villes. Après trente mille ans de lutte, nos ancêtres comprirent que le minéral, vaincu pendant des millions d'années par la plante et la bête, prenait une revanche définitive. Il y eut une période de désespoir qui ramena la population à trois cents millions d'hommes, tandis que les mers se réduisaient au dixième de la surface terrestre. Trois ou quatre mille ans de répit firent renaître quelque optimisme. L'humanité entreprit de prodigieux travaux de préservation :

1. *Déprédations* : pillages.

la lutte contre les oiseaux cessa; on se borna à les mettre dans des conditions qui ne permettaient pas qu'ils se multipliassent, on tira d'eux de précieux services.

Puis, les catastrophes reprirent. Les terres habitables se rétrécirent encore. Et, il y a environ trente mille ans, eurent lieu les remaniements suprêmes : l'humanité se trouva réduite à quelques territoires disséminés sur la terre, redevenue vaste et formidable comme aux premiers âges; en dehors des oasis, il devenait impossible de se procurer l'eau nécessaire à la vie.

Depuis, une accalmie relative s'est produite. Quoique l'eau que nous fournissent les puits creusés dans l'abîme ait encore décru, que la population se soit réduite d'un tiers, que deux oasis aient dû être abandonnées, l'humanité se maintient : sans doute se maintiendra-t-elle pendant cinquante ou cent mille ans encore... Son industrie a immensément décru. Des énergies qu'utilisait notre espèce en sa force, l'homme des oasis ne peut plus employer qu'une faible partie. Les appareils de communication et les appareils de travail sont devenus moins complexes; depuis bien des millénaires, il a fallu renoncer aux spiraloïdes qui transportaient les ancêtres à travers l'étendue avec une vitesse dix fois plus grande que celle de nos planeurs.

L'homme vit dans un état de résignation douce, triste et très passive. L'esprit de création s'est éteint; il ne se réveille, par atavisme[1], que

1. *Atavisme* : hérédité.

dans quelques individus. De sélection en sélection, la race a acquis un esprit d'obéissance automatique, et par là parfaite, aux lois désormais immuables. La passion est rare, le crime nul. Une sorte de religion est née, sans culte, sans rites : la crainte et le respect du minéral. Les Derniers Hommes attribuent à la planète une volonté lente et irrésistible. D'abord favorable aux règnes qui naissent d'elle, la terre leur laisse prendre une grande puissance. L'heure mystérieuse où elle les condamne est aussi celle où elle favorise des règnes nouveaux.

Actuellement, ses énergies obscures favorisent le règne ferromagnétique. On ne peut pas dire que les ferromagnétaux aient participé à notre destruction; tout au plus ont-ils aidé à l'anéantissement, fatal après tout, des oiseaux sauvages. Encore que leur apparition remonte à une époque lointaine, les nouveaux êtres ont peu évolué. Leurs mouvements sont d'une surprenante lenteur; les plus agiles ne peuvent parcourir un décamètre par heure; et les enceintes de fer vierge des oasis, plaquées de bismuth, sont pour eux un obstacle infranchissable. Il leur faudrait, pour nous nuire immédiatement, faire un saut évolutif sans rapport avec leur développement antérieur.

On commença à percevoir l'existence du règne ferromagnétique au déclin de l'âge radioactif. C'étaient de bizarres taches violettes sur les *fers humains*, c'est-à-dire sur les fers et les composés des fers qui ont été modifiés par l'usage industriel. Le phénomène n'apparut que sur des produits qui avaient maintes fois resservi : jamais l'on ne découvrit de taches ferromagnétiques sur des *fers sauvages*. Le nouveau règne n'a donc pu naître que grâce au milieu humain. Ce fait capital a beaucoup préoccupé nos aïeux. Peut-être fûmes-nous dans une situation analogue vis-à-vis d'une vie antérieure qui, à son déclin, permit l'éclosion de la vie protoplasmique.

Quoi qu'il en soit, l'humanité a constaté de bonne heure l'existence des ferromagnétaux. Lorsque les savants eurent décrit leurs manifestations rudimentaires, on ne douta pas que ce fussent des êtres organisés. Leur composition est singulière. Elle n'admet qu'une seule substance : le fer. Si d'autres corps, en quantité très petite, s'y trouvent parfois mêlés, c'est en tant qu'impuretés, nuisibles au développement ferromagnétique ; l'organisme s'en débarrasse, à moins qu'il ne soit très affaibli ou atteint de quelque maladie mystérieuse. La structure du fer, à l'état vivant, est fort variée : fer fibreux, fer granulé, fer mou, fer dur, etc. L'ensemble est plastique et ne comporte aucun liquide. Mais ce qui caractérise surtout les nouveaux organismes, c'est une extrême complication et une instabilité continuelle de l'état magnétique. Cette instabilité et cette complication sont telles que les chercheurs les plus opiniâtres[1] ont dû renoncer à y

1. *Opiniâtres* : obstinés, persévérants.

appliquer, non pas même des lois, mais seulement des règles approximatives. C'est vraisemblablement là qu'il faut voir la manifestation dominante de la vie ferromagnétique. Lorsqu'une conscience supérieure se décélera dans le nouveau règne, je pense qu'elle reflétera surtout cet étrange phénomène, ou, plutôt, qu'elle en sera l'épanouissement. En attendant, si la conscience des ferromagnétaux existe, elle est encore élémentaire. Ils sont à la période où le soin de la multiplication domine tout. Néanmoins, ils ont déjà subi quelques transformations importantes. Les écrivains de l'âge radioactif nous font voir chaque individu composé de trois groupes, avec tendance marquée, dans chaque groupe, à la forme hélicoïde. Ils ne peuvent, à cette époque, parcourir plus de cinq ou six centimètres par vingt-quatre heures ; lorsqu'on déforme leurs agglomérations, ils mettent plusieurs semaines à les reformer. Actuellement, comme on l'a dit, ils arrivent à franchir deux mètres par heure. De plus, ils comportent des agglomérations de trois, cinq, sept et même neuf groupes, la forme des groupes revêtant une grande variété. Un groupe, composé d'un nombre considérable de corpuscules ferromagnétiques, ne peut subsister solitaire : il faut qu'il soit complété par deux, par quatre, six ou huit autres groupes. Une série de groupes comporte, évidemment, des séries énergétiques, sans qu'on puisse dire de quelle façon. À partir de l'agglomération par sept, le ferromagnétal dépérit si l'on supprime un des groupes.

En revanche, une série ternaire peut se reformer à l'aide d'un seul groupe, et une série quinquennaire à l'aide de trois groupes. La reconstitution d'une série mutilée ressemble beaucoup à la genèse des ferromagnétaux ; cette genèse garde pour l'homme un caractère profondément énigmatique. Elle s'opère *à distance*. Lorsqu'un ferromagnétal prend naissance, on constate invariablement la présence de plusieurs autres ferromagnétaux. Selon les espèces, la formation d'un individu prend de six heures à dix jours ; elle semble exclusivement due à des phénomènes d'*induction*. La reconstitution d'un ferromagnétal lésé s'opère à l'aide de procédés analogues.

Actuellement, la présence des ferromagnétaux est à peu près inoffensive. Il en serait sans doute différemment si l'humanité s'étendait.

En même temps qu'ils songeaient à combattre les ferromagnétaux, nos ancêtres cherchèrent quelque méthode pour faire tourner leur activité à l'avantage de notre espèce. Rien ne semblait s'opposer, par exemple, à ce que la substance des ferromagnétaux servît aux usages industriels. S'il en était ainsi, il suffirait de protéger les machines (ce qui paraît, jadis, avoir été réalisé sans trop de frais) d'une manière analogue à celle dont nous préservons nos oasis... Cette solution, en apparence élégante, a été tentée.

Les annales anciennes[1], rapportent qu'elle échoua. Le fer transformé par la vie nouvelle se montre réfractaire à tout usage humain. Sa structure et son magnétisme si variés en font une substance qui ne se prête à aucune combinaison ni à aucun travail *orienté*. Sans doute, cette structure semble s'uniformiser et le magnétisme disparaître aux approches de la température de fusion (et, *a fortiori*, lors de la fusion même); mais, lorsqu'on laisse le métal se refroidir, les propriétés nuisibles reparaissent.

En outre, l'homme ne peut séjourner longtemps dans les contrées ferromagnétiques de quelque importance. En peu d'heures, il s'anémie. Après un jour et une nuit, il se trouve dans un état d'extrême faiblesse. Il ne tarde pas à s'évanouir; s'il n'est pas secouru, il succombe.

On n'ignore pas la raison immédiate de ces faits : le voisinage des ferromagnétaux tend à nous enlever nos globules rouges. Ces globules, presque réduits à l'état d'hémoglobine pure, s'accumulent à la surface de l'épiderme et sont, ensuite, attirés vers les ferromagnétaux qui les décomposent et semblent se les assimiler.

Diverses causes peuvent contrebalancer ou retarder le phénomène. Il suffit de marcher pour n'avoir rien à craindre; à plus forte raison suffit-il de circuler en motrice. Si l'on se vêt d'un tissu en fibres de bismuth, on peut braver

1. *Annales anciennes* : recueils des événements historiques.

l'influence ennemie pendant deux jours au moins; elle s'affaiblit si l'on se couche la tête au Nord; elle s'atténue spontanément lorsque le soleil est près du méridien.

Bien entendu, lorsque le nombre des ferromagnétaux décroît, le phénomène est de moins en moins intense; un moment vient où il s'annule, car l'organisme humain ne se laisse pas faire sans résistance. Enfin, l'action ferromagnétique diminue d'abord selon la courbe des distances, et devient insensible à plus de dix mètres.

On conçoit que la disparition des ferromagnétaux parût nécessaire à nos ancêtres. Ils entreprirent la lutte avec méthode. À l'époque où débutèrent les grandes catastrophes, cette lutte exigea de lourds sacrifices : une sélection s'était opérée parmi les ferromagnétaux; il fallait user d'énergies immenses pour refréner leur pullulation[1].

Les remaniements planétaires qui suivirent donnèrent l'avantage au nouveau règne; par compensation, sa présence devenait moins inquiétante, car la quantité de métal nécessaire à l'industrie décroissait périodiquement et les désordres sismiques faisaient affleurer, en grandes masses, des minerais de fer natif, intangible aux envahisseurs. Aussi, la lutte contre ceux-ci ralentit-elle au point de devenir négligeable.

1. *Refréner leur pullulation* : freiner leur multiplication.

Qu'importait le péril organique au prix de l'immense péril sidéral?...

Présentement, les ferromagnétaux ne nous inquiètent guère. Avec nos enceintes d'hématite rouge, de limonite ou de fer spathique, revêtues de bismuth, nous nous croyons inexpugnables[1]. Mais si quelque révolution improbable ramenait l'eau près de la surface, le nouveau règne opposerait des obstacles incalculables au développement humain, du moins à un développement de quelque envergure.

Targ jeta un long regard sur la plaine : partout il apercevait la teinte violette et les formes sinusoïdales particulières aux agglomérats ferromagnétiques.

— Oui, murmurait-il..., si l'humanité reprenait quelque envergure, il faudrait recommencer le travail des ancêtres. Il faudrait détruire l'ennemi ou l'utiliser. Je crains que sa destruction ne soit impossible : un nouveau règne doit porter en soi des éléments de succès qui défient les prévisions et les énergies d'un règne vieilli. Au rebours, pourquoi ne trouverait-on pas une méthode qui permettrait aux deux règnes de coexister, de s'entraider même? Oui, pourquoi pas?... puisque le monde ferromagnétique tire son origine de notre industrie? N'y a-t-il pas là l'indice d'une compatibilité[2] profonde?

1. *Inexpugnables* : capables de résister à toutes les attaques.

2. *Compatibilité* : accord.

Puis, portant ses yeux vers les grands pics de l'Occident :

— Hélas ! mes rêves sont ridicules. Et pourtant..., pourtant ! Ne m'aident-ils pas à vivre ?... Ne me donnent-ils pas un peu de ce jeune bonheur qui a fui pour toujours l'âme des hommes ?

Il se dressa, avec un petit choc au cœur : là-bas, dans l'échancrure du mont des Ombres, trois grands planeurs blancs venaient d'apparaître.

3

La planète homicide

Ces planeurs parurent frôler la Dent de Pourpre, inclinée sur l'abîme; une ombre orange les enveloppait; puis ils s'argentèrent au soleil zénithal.

— Les messagers des Terres-Rouges! s'écria Manô.

Il n'apprenait rien à ses compagnons de route : aussi bien ses paroles n'étaient qu'un cri d'appel. Les deux escadrilles hâtaient leur marche : bientôt, les masses pâles s'abaissèrent vers les pennes[1] émeraude des Hautes-Sources. Des salutations retentirent, suivies d'un silence; les cœurs étaient lourds; on n'entendait que le ronflement léger des turbines et le froissement des pennes. Tous sentaient la force cruelle de ces déserts où ils semblaient siller en maîtres.

À la fin, Targ demanda, d'une voix craintive :

— Connaît-on l'importance du désastre?

— Non, répondit un pilote au visage bistre.

1. *Les pennes* : les antennes.

On ne le connaîtra pas avant de longues heures. On sait seulement que le nombre des morts et des blessés est considérable. Et ce ne serait rien! Mais on craint la perte de plusieurs sources.

Il pencha la tête avec une calme amertume :

— Non seulement la récolte est perdue, mais beaucoup de provisions ont disparu. Toutefois, s'il n'y a pas d'autre secousse, avec l'aide des Hautes-Sources et de la Dévastation, nous pourrons vivre pendant quelques années... La race cessera provisoirement de se reproduire et peut-être n'aurons-nous à sacrifier personne.

Un moment encore, les escadrilles volèrent de conserve, puis le pilote au visage bistre changea la direction : ceux des Terres-Rouges s'éloignèrent.

Ils passèrent parmi les pics redoutables, au-dessus des gouffres, et le long d'une pente qui eût, jadis, été couverte de pâturages : maintenant, les ferromagnétaux y multipliaient leur descendance.

— Ce qui prouve, songea Targ, que ce versant est riche en ruines humaines!

De nouveau, ils planèrent sur les vallées et les collines; vers les deux tiers du jour, ils se trouvaient à trois cents kilomètres des Terres-Rouges.

— Encore une heure! s'écria Manô.

Targ fouilla l'espace avec son télescope; il aperçut, indécises encore, l'oasis et la zone écarlate à qui elle avait emprunté son nom. L'esprit d'aventure, engourdi après la rencontre des grands planeurs, se réveilla dans le cœur du jeune homme; il accéléra la vitesse de sa machine et devança Manô.

Des vols d'oiseaux tournoyaient sur la zone rouge; plusieurs s'avancèrent vers l'escadrille. À cinquante kilomètres de l'oasis, ils affluèrent; leurs mélopées confirmaient le désastre et prédisaient des secousses imminentes. Targ, le cœur serré, écoutait et regardait, sans pouvoir articuler une parole.

La terre désertique semblait avoir subi la morsure d'une prodigieuse charrue; à mesure qu'on approchait, l'oasis montra ses maisons effondrées, son enceinte disloquée, les récoltes presque englouties, de misérables fourmis humaines grouillant parmi les décombres...

Soudain, une immense clameur déchira l'atmosphère; le vol des oiseaux se brisa étrangement; un effrayant frisson secoua l'étendue.

La planète homicide consommait son œuvre!

Seuls, Targ et Arva avaient poussé un cri de pitié et d'horreur. Les autres aviateurs continuaient leur route, avec la tristesse calme des Derniers Hommes... L'oasis fut là. Elle retentissait de plaintes sinistres. On voyait courir, ramper ou panteler de pitoyables créatures; d'autres demeuraient immobiles, frappées par la mort; parfois, une tête sanglante semblait sortir du sol. Le spectacle devenait plus hideux à mesure qu'on discernait mieux les épisodes.

Les Neuf planèrent incertains. Mais le vol des oiseaux, d'abord enfiévré par l'épouvante, s'harmonisait; aucune autre secousse n'était prochaine; on pouvait atterrir.

Quelques membres du Grand Conseil reçurent les délégués des Hautes-Sources. Les paroles furent rares et rapides. Le nouveau désastre exigeant toutes les énergies disponibles, les Neuf se mêlèrent aux sauveteurs.

Les plaintes parurent d'abord intolérables. Des blessures atroces avaient raison du fatalisme des adultes; les cris des enfants étaient comme l'âme stridente et sauvage de la Douleur...

Enfin, les anesthésiques apportèrent leur aide bienfaisante. L'ardente souffrance sombra au fond de l'inconscient. On n'entendait plus que des clameurs éparses, les clameurs de ceux qui gisaient dans la profondeur des ruines.

Une de ces clameurs attira Targ. Elle était craintive, non douloureuse; elle avait un charme énigmatique et frais. Longtemps, le jeune homme ne put la situer... Enfin, il découvrit un creux d'où elle jaillissait plus nette. Des blocs arrêtaient le veilleur, qu'il se mit à écarter avec prudence. Il lui fallait constamment interrompre le travail devant les menaces sourdes du minéral : des trouées se formaient, brusques, des pierres s'éboulaient ou bien on entendait des vibrations suspectes.

La plainte s'était tue; la tension nerveuse et la fatigue couvraient de sueur les tempes de Targ...

Soudain, tout sembla perdu : un pan de paroi croulait. Le fouilleur, se sentant à la merci du minéral, baissa la tête et attendit... Un bloc le frôla; il accepta la destinée; mais le silence et l'immobilité se refirent.

Levant les yeux, il vit qu'une grande cavité, presque une caverne, s'était ouverte vers la gauche : dans la pénombre, une forme humaine était étendue. Le jeune homme enleva péniblement l'épave vivante et sortit des décombres, à l'instant où un nouvel éboulement rendait le boyau impraticable...

C'était une jeune femme ou une jeune fille, vêtue du maillot argentin des Terres-Rouges. Avant toute chose, la chevelure émut le sauveteur. Elle était de cette sorte lumineuse, que l'atavisme ramenait à peine une fois par siècle chez les filles des hommes. Éclatante comme les métaux précieux, fraîche comme l'eau jaillissant des sources profondes, elle semblait un tissu d'amour, un symbole de la grâce qui avait paré la femme à travers les âges.

Le cœur de Targ se gonfla, un tumulte héroïque emplissait son crâne; il entrevit des actions magnanimes[1] et glorieuses, qui ne s'accomplissaient plus jamais parmi les Derniers Hommes... Et, tandis qu'il admirait la fleur rouge des lèvres, la ligne délicate des joues et leur pulpe nacrée, deux yeux s'ouvrirent, qui avaient la couleur des matins, quand le soleil est vaste et qu'une haleine douce court sur les solitudes...

1. *Magnanimes* : généreuses.

4

Dans la terre profonde

C'était après le crépuscule. Les constellations avivaient leurs flammes fines. L'oasis, taciturne, cachait sa détresse et ses douleurs. Et Targ promenait une âme fiévreuse près de l'enceinte.

L'heure était affreuse pour les Derniers Hommes. Successivement, les planétaires avaient annoncé d'immenses désastres. La Dévastation était détruite ; aux Deux-Équatoriales, à la Grande-Combe, aux Sables-Bleus, les eaux avaient disparu ; elles décroissaient aux Hautes-Sources ; l'Oasis-Claire et le Val-de-Soufre annonçaient ou des secousses ruineuses ou des fuites rapides du liquide.

L'humanité entière subissait le désastre.

Targ franchit l'enceinte en ruine, il entra dans le désert muet et terrible.

La lune, presque pleine, rendait invisibles les plus faibles étoiles ; elle éclairait les granits rouges et les piles violettes des ferromagnétaux : une phosphorescence pâle ondulait par intervalles, signe mystérieux de l'activité des nouveaux êtres.

Le jeune homme avançait dans la solitude, inattentif à sa grandeur funèbre.

Une image brillante dominait les navrements[1] de la catastrophe. Il emportait comme un « double » de la chevelure vermeille ; l'étoile Véga palpitait ainsi qu'une prunelle bleue. L'amour devenait l'essence même de sa vie ; et cette vie était plus intense, plus profonde, prodigieuse. Elle lui révélait, dans sa plénitude, ce monde de beauté qu'il avait pressenti, et pour lequel il valait mieux mourir que de vivre pour le morne idéal des Derniers Hommes. Par intervalles, comme un nom devenu sacré, le nom de celle qu'il avait retirée des décombres venait à sa lèvre :

— Érê !

Dans le farouche silence, le silence du désert éternel, comparable au silence du grand éther[2] où vacillaient les astres, il avançait encore. L'air était immobile autant que les granits ; le temps semblait mort, l'espace figurait un autre espace que celui des hommes, un espace inexorable, glacial, plein de mirages lugubres.

Pourtant, une vie était là, abominable d'être celle qui succéderait à la vie humaine, sournoise, terrifique, inconnaissable. Deux fois, Targ s'arrêta pour voir agir les formes phosphorescentes. La nuit ne les endormait point. Elles se déplaçaient, pour des fins mystérieuses ; la façon dont elles glissaient sur le sol ne s'expliquait par

1. *Navrements* : tristesses profondes.
2. *L'éther* : espace céleste.

aucun organe. Mais il se désintéressait vite d'elles. L'image d'Érê l'entraînait; il y avait une relation confuse entre cette marche dans la solitude et l'héroïsme éveillé dans son âme. Il cherchait confusément l'aventure, l'aventure impossible, l'aventure chimérique : la découverte de l'Eau.

L'Eau, seule, pouvait lui donner Érê. Toutes les lois de l'homme le séparaient d'elle. Hier encore, il aurait pu la rêver pour épouse : il suffisait qu'une fille des Hautes-Sources fût, en échange, accueillie aux Terres-Rouges. Après la catastrophe, l'échange devenait impossible. Les Hautes-Sources recevraient des exilés, mais en les condamnant au célibat. La loi était inexorable; Targ l'acceptait comme une nécessité supérieure...

La lune fut claire; elle étalait son disque de nacre et d'argent sur les collines occidentales. Hypnotisé, Targ se dirigeait vers elle. Il vint dans un terroir de roches. La trace du désastre y restait; plusieurs s'étaient renversées, d'autres fendues; partout, la terre siliceuse montrait des crevasses.

— On dirait, murmurait le jeune homme, que la secousse a atteint ici sa plus grande violence... Pourquoi?

Son rêve s'éloignait un peu, l'ambiance excitait sa curiosité.

— Pourquoi? se redemanda-t-il... Oui, pourquoi?

Il s'arrêtait à chaque moment pour considérer

les rocs et aussi par prudence ; ce sol convulsé devait être plein de pièges. Une exaltation étrange le saisit. Il songea que, si une route existait vers l'Eau, il y avait bien des chances pour qu'elle se décelât dans cet endroit si profondément remanié. Ayant allumé la « radiatrice » qu'il ne quittait jamais en voyage, il s'engagea dans des fissures ou des corridors : tous se rétrécissaient rapidement ou se terminaient en cul-de-sac.

À la fin, il se trouva devant une fente médiocre, à la base d'une roche haute et très large, que les secousses n'avaient que faiblement entamée. Il suffisait d'examiner la cassure, par endroits étincelante comme du cristal, pour deviner qu'elle était récente. Targ, la jugeant négligeable, allait s'éloigner. Des scintillations l'attirèrent. Pourquoi ne pas l'explorer ? Si elle était peu profonde, il n'aurait que quelques pas à faire.

Elle se révéla plus longue qu'il ne l'eût espéré. Néanmoins, après une trentaine de pas, elle commença de se rétrécir ; bientôt, Targ crut qu'il ne pourrait aller plus loin. Il s'arrêta, il examina scrupuleusement les détails des murailles. Le passage n'était pas encore impossible, mais il fallait ramper. Le veilleur n'hésita guère ; il s'engagea dans un trou, dont le diamètre excédait[1] à peine la largeur d'un homme. Le passage, sinueux et semé de pierres aiguës, devint plus étroit encore ; Targ se demanda s'il lui serait possible de revenir en arrière.

1. *Excédait* : dépassait.

Il était comme encastré dans la terre profonde, captif du minéral, petite chose infiniment faible qu'un seul bloc réduirait en particules. Mais la fièvre de la chose commencée palpitait en lui : s'il abandonnait la tâche, avant qu'elle ne fût tout à fait impossible, il se haïrait et se mépriserait ensuite. Il persévéra.

Les membres trempés de sueur, il avança longtemps dans les entrailles du roc. À la fin, il eut une défaillance. Les battements de son cœur, qui faisaient comme un grand bruit d'ailes, s'affaiblirent. Il n'y eut plus qu'une palpitation chétive; le courage et l'espoir tombèrent comme des fardeaux. Quand le cœur reprit quelque force, Targ se jugea ridicule d'être engagé dans une aventure aussi primitive.

— Ne serais-je pas un fou?

Et il commença de ramper en arrière. Alors, un désespoir atroce l'accabla; l'image d'Érê se dessina si vive qu'elle semblait être avec lui dans la fissure.

— Ma folie vaudrait encore mieux que l'affreuse sagesse de mes semblables... En avant!

Il recommença l'aventure; il joua sauvagement sa vie, résolu à ne s'arrêter que devant l'infranchissable.

Le hasard parut favorable à son audace; la crevasse s'élargit, il se trouva dans un haut corridor de basalte dont la voûte semblait soutenue par des colonnes d'anthracite. Une joie aiguë le saisit, il se mit à courir; tout parut possible.

Mais la pierre est aussi pleine d'énigmes que,

jadis, la forêt verte. Soudain, le couloir se termina. Targ se trouva devant une muraille ténébreuse dont la radiatrice tirait à peine quelques reflets... Néanmoins, il ne cessait d'explorer les parois. Et il découvrit, à trois mètres de hauteur, l'ouverture d'une autre crevasse.

C'était une fente un peu sinueuse, inclinée d'environ quarante degrés sur l'horizontale, assez large pour admettre le passage d'un homme. Le veilleur la considérait avec un mélange de joie et de désappointement. Elle attirait sa chimérique espérance, puisque enfin la voie n'était pas définitivement close ; par ailleurs, elle se manifestait décourageante, puisqu'elle reprenait vers le haut.

— Si elle ne redescend pas, il y a plus de chances qu'elle me ramène à la surface que dans le sous-sol ! grommela l'explorateur.

Il eut un geste d'insouciance et de défi, un geste qui lui était étranger, comme à tous les hommes actuels, et qui répétait quelque geste ancestral. Puis, il se mit en devoir d'escalader la paroi.

Elle était presque verticale et lisse. Mais Targ avait emporté l'échelle en fibres d'arcum, que les aviateurs n'oubliaient jamais. Il la tira de son sac d'outils. Après avoir servi à plusieurs générations, elle était aussi souple et solide qu'aux premiers jours. Il déroula sa fine et légère structure et, la saisissant par le milieu, il lui imprima l'élan utile. C'était un mouvement qu'il exécutait dans la perfection. Les crochets qui terminaient l'échelle s'agriffèrent sans peine au basalte. En quelques secondes, l'explorateur atteignit la fente.

Il ne put retenir un cri de mécontentement. Car si la crevasse était parfaitement praticable, en revanche elle remontait par une pente assez forte. Tant d'efforts auraient donc été vains!

Toutefois, ayant replié l'échelle, Targ s'engagea dans la fissure. Les premiers pas furent pénibles. Puis, le terrain s'aplanit, un couloir se montra où plusieurs hommes auraient pu marcher de front. Malheureusement, la pente montait toujours. Le veilleur supputa qu'il devait se trouver à une quinzaine de mètres au-dessus du niveau de la plaine extérieure; le voyage souterrain devenait une ascension!...

Il marcha vers le dénouement, quel qu'il fût, avec une tranquille amertume et tout en se reprochant la folle aventure : qu'avait-il fait pour aboutir à une découverte qui dépasserait en importance tout ce qu'avaient trouvé les hommes depuis des centaines de siècles? Suffirait-il qu'il eût un caractère chimérique, une âme plus révoltée que les autres, pour réussir là où l'effort collectif, appuyé d'un outillage admirable, avait échoué? Une tentative comme la sienne ne réclamait-elle pas une résignation et une patience absolues?...

Distrait, il ne s'apercevait pas que la pente se faisait plus douce. Elle était devenue horizontale lorsqu'il se réveilla, avec un grand sursaut : à quelques pas devant lui, la galerie commençait à descendre!...

Elle descendit régulièrement, sur une longueur de plus d'un kilomètre ; large, plus approfondie au milieu que sur les bords, la marche y était généralement commode, à peine interrompue par quelque bloc ou par quelque fissure. Sans doute, à une époque lointaine, un cours d'eau souterrain s'y frayait passage.

Cependant, les déblais s'accumulèrent, parmi lesquels il en était de récents, puis l'issue parut de nouveau bouchée.

— La galerie ne s'arrêtait pas ici, fit le jeune homme. Ce sont des remaniements de l'écorce terrestre qui l'ont interrompue, mais quand ? Hier..., il y a mille ans..., il y a cent mille ans ?

Il ne s'arrêta pas à examiner les éboulis, parmi lesquels il eût reconnu la trace de convulsions récentes. Toute sa perspicacité se concentrait à découvrir un passage. Il ne tarda pas à apercevoir une fissure. Étroite et haute, dure, hérissée, rebutante, elle ne le trahit point : il retrouva *sa* galerie. Elle continuait à descendre, toujours plus spacieuse ; à la fin, sa largeur moyenne atteignait plus de cent mètres.

Les derniers doutes de Targ s'évanouirent : un véritable fleuve souterrain avait, jadis, coulé là. *A priori*, cette conviction était encourageante. À la réflexion, elle inquiétait l'Oasite. De ce que l'eau avait jadis abondé, il ne s'ensuivait aucunement qu'elle fût prochaine. Au contraire ! Toutes les sources actuellement utilisées se trouvaient loin des endroits où le liquide de vie avait afflué... C'était presque une loi.

À trois reprises encore, la galerie parut finir en cul-de-sac; chaque fois, Targ retrouva un passage. Elle se termina, cependant. Un trou immense, un gouffre apparut aux yeux de l'homme.

Las et triste, il s'assit sur la pierre. Ce fut un moment plus terrible que lorsqu'il rampait, là-haut, dans une galerie étouffante. Toute nouvelle tentative serait une amère folie. Il fallait revenir! Mais son cœur se révolta contre sa pensée. L'âme des aventures s'éleva, accrue par l'étonnant voyage qu'il venait de faire. Le gouffre ne l'épouvanta plus.

— Et quand il faudrait mourir? s'écria-t-il.

Déjà, il s'engageait entre des pointes de granit.

Abandonné à des inspirations rapides, il était descendu par miracle à une profondeur de trente mètres, lorsqu'il fit un faux mouvement et bascula.

— Fini! soupira-t-il.

Il s'écroula dans le vide.

5

Au fond des abîmes

Un choc l'arrêta. Non le choc raide de la chute sur le granit, mais un choc élastique, assez violent, toutefois, pour l'étourdir. Quand il reprit conscience, il se trouva suspendu dans la pénombre et, se tâtant, il découvrit qu'une saillie[1] avait accroché son sac d'outils. Les courroies du sac, rattachées à son torse, le retenaient : faites, comme son échelle, en fibres d'arcum, il savait qu'elles ne céderaient point. En revanche, le sac pouvait se détacher de la saillie.

Targ se sentait étrangement calme. Il calcula sans hâte ses chances de perte et de salut : le sac embrassait la saillie près de l'attache des courroies, en sorte que la prise était bonne. L'explorateur tâta la paroi rocheuse. Outre la saillie, sa main rencontra des surfaces raboteuses, puis le vide ; ses pieds trouvèrent, vers la gauche, un

1. *Saillie* : partie de la roche qui avance et forme un relief.

appui que, après quelques tâtonnements, il jugea être une petite plate-forme. En empoignant la saillie d'une part, en s'étayant, d'autre part, sur la plate-forme, il pouvait se passer d'autre soutien.

Quand il eut choisi la position qu'il estima la plus commode, il réussit à détacher le sac. Plus libre alors de ses gestes, il darda de toutes parts les rais[1] de sa radiatrice. La plate-forme était assez large pour qu'un homme s'y tînt debout et même exécutât de faibles mouvements. Au-dessus, une rainure du roc permettait à la rigueur de fixer les crochets de l'échelle; ensuite, l'ascension semblait praticable, jusqu'à l'endroit d'où l'Oasite était tombé. Au-dessous, rien que le gouffre, avec des murailles verticales.

— Je puis remonter, conclut le jeune homme... Mais la descente est impossible...

Il ne songeait plus qu'il venait d'échapper à la mort : seul, le dépit de l'effort vain agitait son âme. Avec un long soupir, il lâcha la saillie et, s'accrochant aux aspérités, il réussit à s'établir sur la plate-forme. Ses tempes bourdonnaient, une torpeur tenait ses membres et son cerveau; son découragement était si lourd qu'il se sentait peu à peu succomber à l'appel vertigineux de l'abîme. Quand il se ranima, il promena instinctivement ses doigts sur la muraille granitique et s'aperçut de nouveau qu'elle se dérobait, vers la moitié de sa hauteur. Il se baissa alors, il poussa

1. *Les rais* : les rayons.

un faible cri : la plate-forme se trouvait à l'entrée d'une cavité, que les rais de la radiatrice révélèrent considérable.

Il eut un rire silencieux. S'il allait à la défaite, du moins n'aurait-il pas couru une aventure qui ne valait pas la peine d'être tentée !

S'assurant qu'aucun outil ne lui manquait et surtout que l'échelle d'arcum était en bon ordre, il s'engagea dans la caverne. Elle étalait une voûte de cristal de roche et de gemmes. À chaque mouvement de la lampe, des éclairs rebondissaient, mystérieux et féeriques. Les innombrables âmes des cristaux s'éveillaient à la lumière : c'était un crépuscule souterrain, éblouissant et furtif, une grêle infinitésimale de lueurs écarlates, orangées, jonquille, hyacinthe ou sinople. Targ y voyait un reflet de la vie minérale, de cette vie vaste et minuscule, menaçante et profonde, qui avait le dernier mot avec les hommes, qui aurait, un jour, le dernier mot avec le règne ferromagnétique.

Dans ce moment, il ne la redoutait pas. Il considérait pourtant la caverne avec le respect que les Derniers Hommes vouent aux existences sourdes qui, ayant présidé aux Origines, gardent intactes leurs formes et leurs énergies.

Un vague mysticisme[1] fut en lui, non point le mysticisme sans espérance des Oasites déchus, mais le mysticisme qui conduisit, jadis, les cœurs

1. *Mysticisme* : croyance religieuse mêlée de sentiment.

hasardeux. S'il se défiait toujours des pièges de la terre, il avait du moins cette foi qui succède aux efforts heureux et qui transporte dans l'avenir les victoires du passé.

Après la caverne vint un couloir aux pentes capricieuses. Plusieurs fois encore il fallut ramper, pour franchir des passes. Puis, le couloir reprit; la pente devint raide au point que Targ craignit un nouveau gouffre. Cette pente s'adoucit. Elle se fit presque aussi commode qu'une route. Et le veilleur descendait avec sécurité, lorsque les pièges reprirent. Sans que le couloir se fût rétréci en hauteur ni en largeur, il se ferma. Un mur de gneiss était là, qui luisait sournoisement aux lueurs de la lampe. En vain l'Oasite le sondait en tous sens; aucune grosse fissure ne se révéla.

— C'est la fin logique de l'aventure! gémit-il... L'abîme, qui s'est joué des efforts, du génie et des appareils de toute l'humanité, ne pouvait être favorable à un petit animal solitaire!

Il s'assit, recru de fatigue et de tristesse. La route serait dure, maintenant! Abattu par la défaite, aurait-il seulement la force d'aller jusqu'au bout?

Il demeura là longtemps, écrasé sous sa détresse. Il ne pouvait se décider à repartir. Par intervalles, il dardait sa lampe sur la muraille blafarde... Enfin, il se releva. Mais alors, saisi d'une sorte de fureur, il introduisit ses poings dans toutes les menues fissures, il tira désespérément sur les saillies...

Son cœur se mit à battre : quelque chose avait bougé.

Quelque chose avait bougé. Un pan de la paroi oscillait. Avec un han sourd, et de toute sa vigueur, Targ attaqua la pierre. Elle bascula ; elle faillit écraser l'homme ; un trou apparut, triangulaire ; l'aventure n'était pas finie encore !

Haletant, plein de méfiance, Targ pénétra dans le roc, courbé d'abord, puis debout, car la fissure s'agrandissait à chaque pas. Et il avançait dans une sorte de somnambulisme, s'attendant à de nouveaux obstacles, lorsqu'il crut revoir un gouffre.

Il ne se trompait point. La fissure aboutissait au vide ; mais, vers la droite, une masse déclive se détachait, énorme. Pour y atteindre, Targ dut se pencher au-dehors et se hisser à la force des poignets.

La pente était praticable. Lorsque le veilleur eut parcouru une vingtaine de mètres, une sensation étrange le saisit, et découvrant son hygroscope il le tendit sur le gouffre. Alors, il sentit positivement la pâleur et le froid se déposer sur son visage...

Dans l'atmosphère souterraine, une vapeur flottait, invisible encore à la lumière. L'eau était venue !

Targ poussa une clameur de triomphe ; il dut s'asseoir, paralysé par la surprise et la joie de la victoire. Puis, l'incertitude le reprit. Sans doute, le fluide vivant était là, il allait apparaître ; mais la déception serait plus insupportable, s'il n'y avait qu'une source insignifiante ou une faible nappe. À pas lents, plein de crainte, le veilleur reprit la descente... Les preuves se multiplièrent; un miroitement s'apercevait par intervalles...

Et brusquement, tandis que Targ contournait une saillie verticale, l'eau se révéla.

6

Les ferromagnétaux

Deux heures avant l'aube, Targ se retrouva dans la plaine, au bord de la crevasse où avait débuté son voyage au pays des ombres. Affreusement las, il contemplait, au fond de l'horizon, la lune écarlate, pareille à une fournaise ronde et prête à s'éteindre. Elle disparut. Dans la nuit immense, les étoiles se ranimèrent.

Alors, le veilleur voulut se remettre en route. Ses jambes semblaient de pierre, ses épaules s'affaissaient douloureusement et, par tout son corps, passait une telle langueur qu'il se laissa choir sur un bloc... Les paupières entrecloses, il revécut les heures qu'il venait de passer dans les abîmes. Le retour avait été épouvantable. Malgré qu'il eût pris soin d'accumuler les traces de son passage, il s'était égaré. Puis, déjà épuisé par les efforts précédents, il avait failli s'évanouir. Le temps semblait d'une longueur incommensurable; Targ était comme un mineur qui aurait passé de longs mois dans la terre cruelle...

Tout de même, le voici revenu sur la surface

où vivent encore ses frères, voici les astres qui, à travers les âges, exaltèrent les rêves de l'homme; bientôt, l'aube divine va reparaître dans l'étendue.

— L'aube! balbutia le jeune homme... Le jour!

Il étendit les bras vers l'orient, dans un geste d'extase[1]; puis, ses yeux se refermèrent, et, sans qu'il en eût conscience, il s'étendit sur le sol.

Une lueur rouge le réveilla. Soulevant avec peine les paupières, il aperçut, au fond de l'horizon, l'orbe[2] immense du soleil.

— Allons! debout..., se dit-il.

Mais une torpeur invisible le clouait au sol; ses pensées flottaient engourdies, la fatigue lui prêchait le renoncement. Il allait se rendormir, lorsqu'il sentit un léger picotement par tout l'épiderme. Et il vit, sur sa main, à côté des écorchures qu'il s'était faites aux pierres, des points rouges caractéristiques.

— Les ferromagnétaux, murmura-t-il. *Ils boivent ma vie!*

Dans sa lassitude, l'aventure ne l'effraya guère. C'était comme une chose lointaine, étrangère, presque symbolique. Non seulement il ne ressentait aucune souffrance, mais la sensation se révélait presque agréable; c'était une sorte de vertige, une griserie légère et lente qui

1. *D'extase* : d'émerveillement.
2. *Orbe* : globe.

devait ressembler à l'euthanasie[1]... Soudain, les images d'Érê et d'Arva traversèrent sa mémoire, suivies d'un ressaut d'énergie.

— Je ne veux pas mourir ! gémit-il. Je ne veux pas !

Il revécut obscurément sa lutte, ses souffrances, sa victoire. Là-bas, aux Terres-Rouges, la vie l'attirait, fraîche et charmante. Non, il ne voulait pas périr ; il voulait voir longtemps encore les aurores et les crépuscules ; il voulait combattre les forces mystérieuses.

Et, rappelant sa volonté dormante, d'un effort terrible, il tenta de se redresser.

1. *Euthanasie* : ici mort sans souffrance.

7

L'eau, mère de la vie

Au matin, Arva ne soupçonna point l'absence de Targ. Il s'était surmené la veille : sans doute, recru de fatigue, prolongeait-il son repos. Pourtant, après deux heures d'attente, elle s'étonna. Et elle finit par frapper à la cloison de la chambre que le veilleur avait choisie. Rien ne répondit. Peut-être était-il sorti alors qu'elle dormait ? Elle frappa encore, puis elle poussa sur le commutateur de la porte : celle-ci, en s'enroulant, découvrit une chambre vide.

La jeune fille y entra et vit toutes choses disposées en bon ordre : le lit d'arcum était relevé contre la muraille, les objets de toilette intacts ; rien n'annonçait la présence récente d'un homme. Et quelque appréhension serra le cœur de la visiteuse.

Elle alla trouver Manô ; tous deux interrogèrent les oiseaux et les hommes, sans obtenir une réponse utile. C'était anormal, et peut-être inquiétant. Car l'oasis, après le tremblement de terre, demeurait pleine de pièges. Targ pouvait être tombé dans une fissure ou avoir été surpris par un éboulement.

— Plutôt est-il sorti de grand matin, fit l'optimiste Manô. Comme il est homme d'ordre, il aura d'abord rangé sa chambre... Allons à la découverte !

Arva restait anxieuse. Les communications étant devenues incertaines et beaucoup d'ondifères ayant été renversés, les recherches n'avançaient point.

Vers midi, Arva errait tristement, parmi des décombres, aux confins de l'oasis et du désert, lorsqu'un essaim d'oiseaux parut, avec de longs cris : Targ était retrouvé !

Elle n'eut qu'à monter sur l'enceinte, elle le vit qui venait, lointain encore, d'un pas lourd...

Son vêtement était déchiré, des estafilades[1] lui balafraient le cou, le visage et les mains ; tout son corps exprimait la fatigue ; le regard, seul, conservait sa fraîcheur.

— D'où viens-tu ? cria Arva.

Il répondit :

— Je viens de la terre profonde.

Mais il n'en voulut pas dire davantage.

Le bruit de son retour s'étant répandu, ses compagnons de voyage vinrent au-devant de lui. Et l'un d'eux lui ayant reproché d'avoir retardé leur départ, il repartit :

— Ne me le reprochez pas, car j'apporte de grandes nouvelles.

1. *Estafilades* : coupures.

Cette réponse surprit et choqua les auditeurs. Comment un homme pouvait-il apporter des nouvelles qui ne fussent à la connaissance des autres hommes? De telles paroles avaient un sens, jadis, lorsque la terre était inconnue et pleine de ressources, lorsque le hasard demeurait parmi les êtres, et que les peuples ou les individus opposaient leurs destins. Mais, à présent que la planète est tarie, que les hommes ne peuvent plus lutter entre eux, que toute chose est résolue par des lois inflexibles, que personne ne prévoit les périls avant les oiseaux et les instruments, ce sont des propos ineptes.

— De grandes nouvelles! répéta dédaigneusement celui qui avait fait les reproches... Êtes-vous devenu fou, veilleur?

— Vous verrez bientôt si je suis devenu fou! Allons trouver le Conseil des Terres-Rouges.

— Vous l'avez fait attendre.

Targ ne répondit plus. Il se tourna vers sa sœur et lui dit :

— Va, et ramène celle que j'ai sauvée hier... Sa présence est nécessaire.

Le Grand Conseil des Terres-Rouges était réuni, au centre de l'oasis. Il n'était pas au complet, plusieurs de ses membres ayant succombé dans le désastre. Rien n'annonçait la douleur, à peine la résignation, dans l'attitude des survivants. La fatalité était en eux, présente comme la vie même.

Ils accueillirent les Neuf avec un calme presque inerte. Et Cimor, qui présidait, dit d'une voix uniforme :

— Vous nous apportiez le secours des Hautes-Sources et les Hautes-Sources sont frappées elles-mêmes. La fin des hommes paraît très proche... Les oasis ne savent plus même quelles sont celles qui pourront secourir les autres...

— Elles ne doivent même plus se secourir, ajouta Rem, le premier chef des Eaux. La loi le défend. Il est équitable, lorsque les eaux ont tari, que la solidarité disparaisse. Chaque oasis réglera son sort.

Targ s'avança au-devant des Neuf et affirma :

— Les eaux peuvent reparaître.

Rem le considéra avec un mépris tranquille :

— Tout peut reparaître, jeune homme. Mais elles ont disparu.

Alors, le veilleur, ayant jeté un regard au fond de la salle et aperçu la chevelure de lumière, reprit avec tremblement :

— Les eaux reparaîtront pour les Terres-Rouges.

Une réprobation paisible parut sur quelques faces ; tout le monde garda le silence.

— Elles reparaîtront, s'écria Targ avec force. Et je puis le dire, puisque je les ai vues.

Cette fois, une faible émotion, née de la seule image qui pût agiter les Derniers Hommes, l'image d'une eau jaillissante, passa de proche en proche. Et le ton de Targ, par sa véhémence et sa sincérité, fit presque naître un espoir. Mais le doute revint vite. Ces yeux trop vivants, les blessures, le vêtement déchiré, encourageaient les méfiances : quoique rares, les fous n'avaient pas encore disparu de la planète.

Cimor fit un signe léger. Quelques hommes cernèrent lentement le veilleur. Il vit ce mouvement et en comprit la signification. Sans trouble, il ouvrit sa boîte à outils, saisit son mince appareil chromographique et, déroulant une feuille, il fit apparaître les épreuves qu'il avait prises dans les entrailles du sol.

C'étaient des images aussi précises que la réalité même. Dès qu'elles eurent frappé les yeux des plus proches, les exclamations se heurtèrent. Un saisissement véritable, presque une exaltation, s'empara des assistants. Car tous reconnaissaient le fluide redoutable et sacré.

Manô, plus impressionnable que les autres, clama d'une voix retentissante. Le cri, répercuté par les ondifères, se répandit au-dehors; une multitude rapide cerna le hall; l'unique délire qui pouvait encore soulever les Derniers Hommes enivra la masse.

Targ se transfigura; il fut presque dieu; les âmes, pareilles aux âmes anciennes, élevaient vers lui un enthousiasme mystique; des faces déferlaient, des yeux mornes s'emplissaient de feu, une espérance démesurée rompait le long atavisme de la résignation. Et les membres du Grand Conseil eux-mêmes, perdus dans l'être collectif, s'abandonnaient au tumulte.

Targ seul pouvait obtenir le silence. Il fit signe

à la foule qu'il voulait parler; les voix s'éteignirent, la houle des têtes s'apaisa; une attention ardente dilatait les visages.

Le veilleur, se tournant vers cette lueur blonde qu'Érê mêlait aux chevelures sombres, déclara :

— Peuple des Terres-Rouges, l'eau que j'ai découverte est sur votre territoire : elle vous appartient. Mais la loi humaine me donne un droit sur elle; avant de vous la céder, je réclame mon privilège!

— Vous serez le premier d'entre nous! dit Cimor. C'est la règle.

— Ce n'est pas cela que je demande, répondit doucement le veilleur.

Il fit signe à la foule qu'on lui livrât passage. Puis, il se dirigea vers Érê. Quand il fut près d'elle, il s'inclina et dit d'une voix ardente :

— C'est entre vos mains que je remets les eaux, maîtresse de mon destin... Vous seule pouvez me donner ma récompense!

Elle écoutait, surprise et palpitante. Car de telles paroles ne s'entendaient jamais plus. Dans un autre moment, à peine si elle les eût comprises. Mais au milieu de l'exaltation des cœurs, et avec la vision féerique des sources souterraines, tout son être se troubla : l'émotion magnifique qui agitait le veilleur se refléta sur le visage nacré de la vierge.

8

Et seules survivent les Terres-Rouges

Dans les années qui suivirent, la terre n'eut que de faibles secousses. Mais la dernière catastrophe avait suffi pour frapper de mort les oasis. Celles qui avaient vu disparaître toute leur eau ne l'avaient point reconquise. Aux Hautes-Sources, elle avait tari pendant dix-huit mois, puis s'était évanouie dans les gouffres insondables. Seules, les Terres-Rouges avaient connu de vastes espérances. La nappe trouvée par Targ donnait une eau abondante et moins impure que celle des sources disparues. Non seulement elle suffisait à l'entretien des survivants, mais on avait pu recueillir le faible groupe qui s'était sauvé à la Dévastation et beaucoup d'habitants des Hautes-Sources.

Là, s'arrêtait le secours possible. Une hérédité de cinquante millénaires les ayant adaptés aux lois inexorables[1], les Derniers Hommes acceptaient sans révolte le jugement du destin. Il n'y

1. *Inexorables* : auxquelles on ne peut échapper.

eut donc aucune guerre; à peine si quelques individus tentèrent de fléchir la règle et vinrent en suppliants aux Terres-Rouges. On ne pouvait que les rejeter : la pitié eût été une suprême injustice et une forfaiture.

À mesure que s'épuisaient les provisions, chaque oasis désignait les habitants qui devaient périr. On sacrifia d'abord les vieillards, puis les enfants, sauf un petit nombre qui furent réservés dans l'hypothèse d'un revirement possible de la planète, puis tous ceux dont la structure était vicieuse ou chétive.

L'euthanasie était d'une extrême douceur. Dès que les condamnés avaient absorbé les merveilleux poisons, toute crainte s'abolissait. Leurs veilles étaient une extase permanente, leurs sommeils profonds comme la mort. L'idée du néant les ravissait, leur joie croissait jusqu'à la torpeur finale.

Beaucoup devançaient l'heure. Peu à peu, ce fut une contagion. Dans les oasis équatoriales, on n'attendit pas la fin des provisions; il restait encore de l'eau dans quelques réservoirs, et déjà les derniers habitants avaient disparu.

Il fallut quatre ans pour anéantir le peuple des Hautes-Sources.

Alors, les oasis furent saisies par l'immense désert, les ferromagnétaux occupèrent la place des hommes.

Après la découverte de Targ, les Terres-Rouges prospérèrent. On avait reconstitué l'oasis vers l'Est, dans un territoire où la rareté des ferromagnétaux rendait leur destruction facile. Les constructions, le défrichement, le captage des eaux se firent en six mois. La première récolte fut belle, la seconde merveilleuse.

Malgré la mort successive des autres communautés, les hommes de l'Oasis Rouge vivaient dans une sorte d'espérance. N'étaient-ils pas la peuplade élue, celle en faveur de qui, pour la première fois depuis cent siècles, la loi implacable avait fléchi ? Targ entretenait cet état des âmes. Son influence était grande ; il avait l'attrait des créatures triomphantes et leur prestige symbolique.

Cependant, sa victoire n'avait impressionné personne autant que lui-même. Il y voyait une obscure récompense et, plus encore, une confirmation de sa foi. Son esprit d'aventure s'épanouissait ; il eut des aspirations presque comparables à celles des ancêtres héroïques. Et l'amour qu'il ressentait pour Érê et les deux enfants nés d'elle se mêlait de rêves dont il n'osait parler à personne, hormis sa femme ou sa sœur, car il les savait incompréhensibles aux Derniers Hommes.

Manô ignorait ces fièvres. Sa vie restait directe. Il ne songeait guère au passé, moins encore à l'avenir. Il goûtait la douceur uniforme des jours ; il vivait auprès de sa femme, Arva, une existence aussi insoucieuse que celle des oiseaux argentés dont les groupes, chaque matin, planaient sur l'oasis. Comme ses premiers enfants, à cause de leur belle structure, avaient été parmi les émigrants accueillis aux Terres-Rouges, à peine si une mélancolie fugitive le saisissait en songeant au dépérissement des Hautes-Sources.

Au rebours[1], ce dépérissement tourmentait Targ : maintes fois, son planeur le conduisit à l'oasis natale. Il cherchait l'eau avec acharnement, il s'éloignait des routes protectrices, il visitait des étendues terribles où les ferromagnétaux vivent la vie des jeunes règnes. Avec quelques hommes de l'oasis, il avait sondé cent gouffres. Quoique les recherches demeurassent vaines, Targ ne se décourageait point : il enseignait qu'il faut mériter les découvertes par des efforts opiniâtres et de longues patiences.

1. *Au rebours* : au contraire.

9

L'eau fugitive

Un jour qu'il revenait des solitudes, Targ, du haut de son planeur, aperçut une foule près du grand réservoir. À l'aide de son télescope, il discerna les chefs des Eaux et les membres du Grand Conseil ; quelques mineurs surgissaient des puits de captage. Un groupe d'oiseaux vint à la rencontre du planeur ; par eux, Targ sut que la source inspirait des inquiétudes. Il atterrit, vite enveloppé d'une foule frémissante, qui mettait en lui sa confiance. Ses os se glacèrent, lorsqu'il entendit Manô lui dire :

— Les eaux ont baissé.

Toutes les voix confirmaient la triste nouvelle. Il questionna Rem, le premier chef des Eaux, qui répondit :

— Le niveau a été vérifié au bord de la nappe même. La baisse est de six mètres.

Entre tous, le visage de Rem était immobile. La joie, la tristesse, la crainte, le désir, n'apparaissaient jamais sur ses lèvres froides ni dans ses yeux pareils à deux fragments de bronze, et dont on voyait à peine la sclérotique[1]. Sa science professionnelle était parfaite : il possédait toute la tradition des capteurs de sources.

— La nappe n'est pas immuable, remarqua Targ.

— C'est exact! Mais les écarts normaux ne dépassent jamais deux mètres et jamais ces écarts ne furent brusques...

— Savez-vous avec certitude s'ils le sont maintenant?

— Oui. Les enregistreurs ont été vérifiés : leur marche est normale. Ils ne décelaient rien encore ce matin. C'est vers le milieu du jour que la baisse a commencé. Elle a donc atteint plus d'un mètre cinquante à l'heure...

Son œil minéral demeurait fixe; sa main n'avait pas un geste; l'on voyait à peine remuer ses lèvres. Les yeux de Targ palpitaient comme son cœur.

— D'après les plongeurs, fit Rem, aucune fissure nouvelle ne s'est formée dans le lit du lac. Le mal vient donc des sources. On peut faire trois hypothèses principales : les sources sont obstruées, elles sont détournées de leur voie, ou elles sont taries. Nous conservons une espérance.

De sa bouche, le mot espérance tombait comme un bloc de glace.

Targ dit encore :

— Les réservoirs sont-ils pleins?

1. *La sclérotique* : le blanc de l'œil.

Rem eut presque un geste :

— Ils le sont toujours. Et j'ai donné l'ordre d'en creuser de supplémentaires. Avant une heure, toutes nos énergies seront en action.

Il en fut comme l'avait annoncé Rem. Les puissantes machines des Terres-Rouges creusèrent le granit. Jusqu'à la première étoile, une stupeur régna sur l'oasis.

Targ était descendu sous la terre. On y avait maintenant, à l'aide des galeries aménagées par les mineurs, un accès rapide et sans danger. À la lueur des phares, le veilleur considérait le site souterrain où, le premier de tous les hommes, il avait abordé. Il l'étudiait avec fièvre. Deux sources nourrissaient le lac. La première débouchait à vingt-six mètres de profondeur, la deuxième à vingt-quatre mètres.

Les plongeurs avaient pu pénétrer dans l'une, mais à peine; l'autre se trouva trop étroite.

Pour obtenir quelques notions complémentaires, on avait tenté des travaux dans le roc; un éboulement fit naître des craintes. Le remaniement ne pouvait-il déterminer des fissures, par où les eaux se perdraient?

Agre, l'ancêtre du Grand Conseil, avait dit :

— Cette eau nous a été donnée par le Désastre; sans lui, elle nous fût demeurée inaccessible. Peut-être aussi a-t-il creusé sa route actuelle. N'exécutons point de travaux incertains. Il suffit que nous ayons mené à bonne fin ceux qui étaient indispensables...

Cette parole ayant paru sage, on se résigna au mystère.

Vers la fin du crépuscule, le niveau baissa plus lentement; une onde d'espoir courut sur l'oasis. Mais les chefs des Eaux ni Targ ne partageaient cette confiance : si la déperdition s'atténuait, c'est que le niveau était descendu au-dessous des plus grosses fissures d'écoulement. L'eau contenue actuellement dans le lac pouvait descendre à quatre mètres et, si les sources demeuraient inaccessibles, ce serait, avec la provision des réservoirs, *toute l'eau possédée par les Derniers Hommes*.

Toute la nuit, les machines des Terres-Rouges creusèrent les nouveaux réservoirs; toute la nuit aussi, l'eau, mère de vie, ne cessa de se perdre dans les abîmes de la planète. Au matin, le niveau était descendu à huit mètres, mais deux réservoirs étaient prêts qui reçurent rapidement leur provision; ils absorbèrent trois mille mètres cubes de liquide.

Leur remplissage abaissa encore le niveau; l'on vit apparaître l'orifice de la première source. Targ y pénétra avant tout le monde et s'aperçut que le sol avait subi des transformations récentes. Plusieurs crevasses s'étaient formées, des masses de porphyre obstruaient le passage; il fallait provisoirement renoncer à définir le désastre.

Une seconde journée passa, funèbre. À cinq heures, l'écoulement souterrain et le remplissage d'un réservoir abaissèrent les eaux à la hauteur de la seconde source, dont l'orifice avait complètement disparu.

À partir de ce moment, la perte cessa; il devint presque inutile de hâter la construction de nouveaux réservoirs. Rem n'en persista pas moins à terminer sa tâche : et, pendant six jours, les hommes et les machines de l'oasis travaillèrent.

À la fin du sixième jour, Targ, harassé et le cœur fiévreux, méditait devant sa demeure. Des ténèbres argentées enveloppaient l'oasis. On apercevait Jupiter; une demi-lune aiguë fendait l'éther : sans doute, la grande planète aussi créait des règnes qui, après avoir connu la fraîcheur de la jeunesse et la force de l'âge mûr, se mourraient de pénurie et d'angoisse.

Érê était venue. Dans un rai de lune, ses grands cheveux semblaient une lumière douce et tiède. Targ l'attira près de lui; il murmura :

— J'avais retrouvé auprès de toi la vie des temps antiques... Tu étais le rêve des genèses...; rien que de sentir ta présence, je croyais aux jours innombrables. Et maintenant, Érê, si nous ne retrouvons pas les sources, ou si nous ne découvrons aucune eau nouvelle, dans dix ans les Derniers Hommes auront disparu de la planète.

10

La secousse

Six saisons passèrent. Les chefs des Eaux firent creuser d'immenses galeries pour retrouver les sources. Tout échoua. Des fissures illusoires ou des gouffres impénétrables décevaient les efforts. De mois en mois, l'espérance décroissait dans les âmes. Le long atavisme de résignation retombait sur elles ; leur passivité parut même s'accroître, à la manière dont s'aggravent, après un répit, des maladies chroniques. Toute foi, même légère, les abandonna. Déjà la mort tenait ces mornes existences.

Quand arriva l'époque où le Grand Conseil décréta les premières euthanasies, il se trouva plus de vivants prêts à disparaître que ne le voulait la loi.

Seuls, Targ, Arva et Érê n'acceptaient point le sort ; mais Manô se décourageait. Non qu'il fût devenu prévoyant. Pas plus que jadis, il ne songeait aux lendemains ; mais la fatalité lui était devenue présente. Lorsque les euthanasies commencèrent, il eut un sens si aigu de la disparition que toute énergie l'abandonna. L'ombre et la lumière lui furent également ennemies. Il vécut dans une attente funèbre et molle ; son amour pour Arva avait disparu comme son amour pour sa propre personne ; il ne prenait aucun intérêt à ses enfants, assuré que l'euthanasie les enlèverait bientôt. Et la parole lui devenant odieuse, il n'écoutait plus, il demeurait taciturne et torpide[1] pendant des journées entières. Presque tous les habitants des Terres-Rouges menaient une existence analogue.

Aucun effort ne stimulait leur pitoyable énergie, car le travail devenait presque nul. Hors quelques massifs de plantes, entretenus pour garder des semences fraîches, toute culture avait disparu. L'eau des réservoirs n'exigeait aucun soin : elle était à l'abri de l'évaporation et purifiée par des appareils presque parfaits. Quant aux réservoirs mêmes, il suffisait, chaque jour, de leur faire subir une inspection que facilitaient des indicateurs automatiques. Ainsi, rien ne venait secouer l'atonie des Derniers Hommes. Ceux qui échappaient le mieux au marasme étaient les individus les moins émotifs, qui n'avaient aimé personne et ne s'étaient guère aimés eux-mêmes. Ceux-là, parfaitement adaptés aux lois millénaires, montraient une persévérance monotone, étrangers à toutes les joies comme à toutes les peines. L'inertie les dominait ; elle les soutiendrait contre la dépression

1. *Torpide* : abattu.

excessive et contre les résolutions brusques ; ils étaient les produits parfaits d'une espèce condamnée.

Au rebours, Targ et Arva se maintenaient par une émotivité supérieure. Révoltés contre l'évidence, ils dressaient devant la formidable planète deux petites vies ardentes, pleines d'amour et d'espoir, palpitantes de ces vastes désirs qui avaient fait vivre l'animalité pendant cent mille siècles.

Le veilleur n'avait abandonné aucune de ses recherches ; il tenait soigneusement en état une série de planeurs et de motrices ; même il ne laissait pas tomber en ruine les principaux planétaires et veillait sur les appareils sismiques.

Or, un soir, après un voyage vers la Dévastation, Targ veillait seul dans la nuit. À travers le métal transparent de sa fenêtre, une constellation se montrait qui, au temps des Fables, se nommait le Grand Chien. Elle comptait la plus étincelante des étoiles, un soleil bien plus vaste que notre soleil. Targ élevait vers elle son désir inextinguible[1]. Et il songeait à ce qu'il avait vu, vers le milieu du jour, tandis qu'il planait près du sol.

C'était dans une plaine excessivement morne, où se dressaient à peine quelques blocs solitaires. Les ferromagnétaux y dessinaient de

1. *Inextinguible* : que l'on ne peut éteindre.

toutes parts leurs agglomérations violettes. Il y prenait à peine garde lorsque, au Sud, sur une surface jaune clair, il aperçut une race qu'il ne connaissait point encore. Elle produisait des individus de grande taille, chacun formé de dix-huit groupes. Quelques-uns atteignaient une longueur totale de trois mètres. Targ calcula que la masse des plus puissants ne devait pas être inférieure à quarante kilogrammes. Ils se déplaçaient plus facilement que les plus rapides ferromagnétaux connus jusqu'alors ; en fait, leur vitesse atteignait un demi-kilomètre par heure.

— C'est effrayant, murmura le veilleur. S'ils pénétraient dans l'oasis, ne serions-nous pas vaincus ? Le moindre hiatus[1] dans l'enceinte nous ferait courir un danger mortel.

Il frissonna ; une tendresse inquiète le mena dans les chambres voisines. À la lueur orange d'un Radiant, il contempla l'étonnante chevelure lumineuse d'Érê et le visage frais des enfants. Son cœur fondait. Rien que de les voir vivre, il ne pouvait concevoir la fin des hommes. Eh quoi ! la jeunesse, la puissance mystérieuse des générations sont en eux, si pleines de sève, et tout va s'évanouir ? Qu'une race cacochyme[2], lentement brisée par la décadence, en fût là, ce serait logique ; — mais eux, mais ces chairs aussi jolies et aussi neuves que celles des hommes d'avant l'ère radioactive !...

1. *Hiatus* : ici, faille, fissure.
2. *Cacochyme* : maladive.

Comme il s'en revenait, rêveur, une secousse légère agita le sol. À peine s'il eut le temps de s'en apercevoir et déjà le calme immense retombait sur l'oasis. Mais Targ était plein de méfiance. Il attendit quelque temps, l'oreille penchée, aux écoutes. Tout demeurait paisible; les masses grisâtres du site, profilées à la lueur poudreuse des étoiles, apparaissaient immuables, et dans le ciel, implacablement pur, l'Aigle, Pégase, Persée, le Sagitaire, inscrivaient, sur le cadran de l'infini, les minutes passagères.

— Me suis-je trompé? songeait le veilleur... Ou bien la secousse serait-elle vraiment insignifiante?

Il haussa les épaules, avec un léger frisson. Comment osait-il seulement penser qu'une secousse de la terre pût être insignifiante? La plus infime est pleine du plus menaçant mystère!

Soucieux, il alla consulter les sismographes. L'appareil I avait enregistré la fine secousse, — un trait léger et à peine long d'un millimètre. L'appareil II n'annonçait aucune suite au phénomène.

Targ se rendit jusqu'à la maison des oiseaux; on n'en conservait plus qu'une vingtaine. À son arrivée, tous dormaient; ils dressèrent à peine la tête lorsque le veilleur fit jaillir la lumière. Donc, la secousse avait dû les agiter à peine, pendant un moment très bref, et ils n'en prévoyaient pas une seconde.

Cependant, Targ crut devoir avertir le chef

des veilles. Cet homme, personnage inerte et aux nerfs tardifs, n'avait rien perçu.

— Je vais faire ma ronde, déclara-t-il... Nous vérifierons, d'heure en heure, les niveaux.

Ces paroles rassurèrent Targ.

11

Les fugitifs

Targ dormait encore, lorsqu'on lui toucha l'épaule. Comme il ouvrait les yeux, il vit sa sœur Arva, toute pâle, qui le regardait. C'était le signe certain d'un malheur; il se dressa d'un bond :

— Que se passe-t-il?

— Des choses redoutables, répondit la jeune femme. Tu sais qu'il y a eu, cette nuit, un tremblement de terre, puisque c'est toi-même qui l'as signalé!

— Une secousse très légère.

— Si légère que personne, à part toi, ne s'en était aperçu... Mais ses suites sont terribles. L'eau du grand réservoir a disparu! Et le réservoir du Sud a trois grandes fissures.

Targ était devenu aussi pâle qu'Arva. Il dit, rauque :

— On n'a donc pas vérifié les niveaux?

— Si. Jusqu'au matin, les niveaux n'ont pas varié. Au matin seulement, le grand réservoir s'est brusquement effondré. En dix minutes, l'eau était perdue. Dans le réservoir du Sud, les fissures se sont déclarées il y a une demi-heure. On pourra tout au plus sauver le tiers du contenu.

Targ avait la tête basse, les épaules rentrées ; il était comme un homme qui va s'écrouler. Et il murmura, plein d'horreur :

— Est-ce, enfin, la mort des hommes ?

La catastrophe était complète. Comme on avait épuisé, pour les besoins de l'oasis, tous les réservoirs de granit, hors ceux que venait de frapper l'accident, il ne restait d'eau que celle qu'on tenait dans les bassins d'arcum. Elle suffirait à désaltérer cinq ou six cents créatures humaines pendant une année.

Le Grand Conseil se réunit.

Ce fut une assemblée glaciale et presque taciturne. Les hommes qui la composaient, à part Targ, étaient parvenus à l'état de résignation parfaite. Il n'y eut guère de délibération : rien que la lecture des lois et un calcul basé sur des données invariables. Aussi les résolutions furent-elles simples, nettes, impitoyables.

Rem, grand chef des Eaux, les résuma :

— La population des Terres-Rouges se monte encore à sept mille habitants. Six mille doivent, aujourd'hui même, se soumettre à l'euthanasie. Cinq cents mourront avant la fin du mois. Les autres décroîtront de semaine en semaine, de manière à ce que cinquante humains puissent se maintenir jusqu'à la fin de la cinquième année... Si, alors, des eaux nouvelles ne sont pas découvertes, ce sera la fin des hommes.

L'assemblée écoutait, impassible. Toute réflexion était vaine; une fatalité incommensurable enveloppait les âmes. Et Rem dit encore :

— Les hommes et les femmes ayant dépassé quarante ans ne doivent pas survivre. À part cinquante, tous accepteront l'euthanasie aujourd'hui même. Pour les enfants, neuf familles sur dix n'en conserveront point; les autres en garderont un seul. Le choix des adultes est fixé d'avance : nous n'aurons qu'à consulter les listes de structure.

Une faible émotion agita l'assemblée. Puis, les têtes s'inclinèrent, en signe de soumission, et la foule du dehors, à qui les ondifères avaient communiqué la délibération, se taisait. À peine si quelque mélancolie assombrissait les plus jeunes...

Mais Targ ne se résignait point. Il rejoignit d'un élan sa demeure où Arva et Érê l'attendaient déjà, frémissantes. Elles tenaient contre elles leurs enfants; l'émotion les soulevait, l'émotion jeune et tenace, source de l'antique vie et des vastes avenirs.

Près d'elles, Manô rêvassait. Leur trouble ne l'avait surpris qu'une minute. Le fatalisme était sur ses épaules comme un roc.

À la vue de Targ, Arva s'écria :

— Je ne veux pas!... Je ne veux pas! Nous ne mourrons pas ainsi.

— Tu as raison, répliqua Targ. Nous tiendrons tête à l'infortune.

Manô sortit de sa torpeur pour dire :

— Et que ferez-vous? La mort est plus proche que si nous avions cent ans de vie.

— N'importe! cria Targ. Nous partirons!

— La terre est vide pour les hommes! fit encore Manô. Elle vous tuera dans la douleur. Ici, du moins, la fin sera douce.

Targ ne l'écoutait plus. L'urgence de l'action l'absorbait : il fallait fuir avant le milieu du jour, heure fixée pour le sacrifice.

Ayant visité avec Arva les planeurs et les motrices, il fit son choix. Puis, il répartit entre les appareils la provision d'eau et les vivres qu'il avait en réserve, tandis qu'Arva emmagasinait l'énergie. Leur travail fut prompt. Avant neuf heures, tout était prêt.

Il retrouva Manô toujours plongé dans sa torpeur et Érê qui avait rassemblé les vêtements utiles.

— Manô, dit-il en touchant l'épaule de son beau-frère, nous allons partir. Viens!

Manô haussa lentement les épaules.

— Je ne veux pas périr dans le Désert! déclara-t-il.

Arva se jeta sur lui et l'étreignit de toute sa tendresse; un peu de son ancien amour réchauffa l'homme. Mais, tout de suite ressaisi par l'inévitable :

— Je ne veux pas! dit-il.

Tous le supplièrent — longtemps. Targ essaya

même de l'entraîner de vive force; Manô résistait avec la puissance invincible de l'inertie.

Comme l'heure avançait, on déchargea de ses provisions le quatrième planeur, et, après une prière suprême, Targ donna le signal du départ. Les avions s'élevèrent dans le soleil, Arva jeta un long regard sur la demeure où son compagnon attendait l'euthanasie, puis, secouée de sanglots, elle silla[1] sur les solitudes sans bornes.

1. *Elle silla* : elle prit la direction.

12

Vers les oasis équatoriales

Targ se dirigeait vers les oasis équatoriales : les autres ne recélaient que la mort.

Au cours de ses explorations, il avait visité la Désolation, les Hautes-Sources, la Grande Combe, les Sables-Bleus, l'Oasis-Claire et le Val-de-Soufre : elles contenaient quelque nourriture, mais pas une goutte d'eau. Seules, les deux Équatoriales gardaient de faibles réserves. La plus proche, l'Équatoriale des Dunes, distante de quatre mille cinq cents kilomètres, pouvait être atteinte dans la matinée du lendemain.

Le voyage fut abominable : Arva ne cessait de songer à la mort de Manô. Quand le soleil fut au haut de sa trajectoire, elle poussa un grand cri funèbre : c'était l'heure de l'euthanasie ! Jamais plus elle ne reverrait l'homme avec qui elle avait vécu la tendre aventure !

Le Désert prolongeait sa vaste étendue. Pour des yeux humains, la terre était morte épouvantablement. Pourtant, l'autre vie y croissait, pour qui c'étaient les temps de la genèse[1]. On la voyait pulluler sur les plaines et les collines, redoutable et incompréhensible. Parfois, Targ l'exécrait[2], parfois, une sympathie craintive s'éveillait dans son âme. N'y avait-il pas une analogie mystérieuse, et même une obscure fraternité, entre ces êtres et les hommes? Certes, les deux règnes étaient moins loin l'un de l'autre que chacun ne l'était du minéral inerte. Qui sait si leurs consciences, à la longue, ne se seraient pas comprises!

En y songeant, Targ soupirait. Et les planeurs continuaient à siller dans l'oxygène bleu, vers un inconnu si terrible que, d'y songer seulement, les voyageurs sentaient transir leur chair.

Afin de parer aux surprises, la halte fut décidée avant le crépuscule. Targ fit choix d'une colline surmontée d'un plateau. Les ferromagnétaux s'y décelaient rares et d'espèces faciles à déplacer. Sur le plateau même, il y avait un roc de porphyre vert, avec des creux propices. Les planeurs atterrirent; on les fixa à l'aide des cordes d'arcum. Au reste, faits de substances choisies et d'une extrême résistance, ils étaient à peu près invulnérables.

Il se trouva que le roc et ses alentours abritaient à peine quelques groupes ferromagnétiques de la plus petite taille. En un quart

1. *Genèse* : formation, création.
2. *Exécrait* : détestait.

d'heure, ceux-ci furent expulsés et l'on put organiser le campement.

Ayant pris un repas de gluten concentré et d'hydro-carbures essentiels, les fugitifs attendirent la fin du jour. Combien d'autres créatures, leurs semblables, avaient, dans l'océan immense des âges, connu des détresses analogues ? Lorsque les familles rôdaient solitaires, avec les massues de bois et les frêles outils de pierre, il y eut, devant l'espace féroce, des nuits où quelques humains tremblaient de faim, de froid, d'épouvante, à l'approche des lions ou des eaux déchaînées. Plus tard, des naufragés clamèrent sur des îlots déserts ou sous les rocs d'une rive meurtrière ; des voyageurs se perdirent au sein des forêts carnivores ou parmi les marécages. Innombrables furent les drames de la détresse !... Mais tous ces malheureux se trouvaient devant la vie sans bornes : Targ et ses compagnons n'apercevaient que la mort !

— Pourtant, songeait le veilleur en regardant les enfants d'Érê et ceux d'Arva, ce faible groupe contient toute l'énergie nécessaire pour refaire une humanité !...

Il poussa un gémissement. Les étoiles du pôle tournaient dans leur piste étroite ; les ferromagnétaux phosphoraient sur la plaine ; longtemps Targ et Arva rêvèrent, misérablement, auprès de la famille endormie.

Le lendemain, ils arrivèrent à l'Équatoriale des Dunes. Elle s'étendait au sein d'un désert formé de sables, mais que les millénaires avaient durci. L'atterrissage glaça le cœur des arrivants : les cadavres de ceux qui, les derniers, s'étaient livrés à l'euthanasie, demeuraient là sans sépulture. Beaucoup d'Équatoriaux ayant préféré mourir sous le ciel libre, on les apercevait parmi les ruines, immobiles dans leur terrible sommeil. L'air sec, et infiniment pur, les avait momifiés. Ils eussent pu demeurer ainsi, pendant des temps interminables, témoins suprêmes de la fin des hommes...

Un spectacle plus menaçant détourna la tristesse des fugitifs : les ferromagnétaux pullulaient. On voyait de tous côtés leurs colonies violettes; beaucoup étaient de grande taille.

— En marche! fit Targ avec vivacité et inquiétude.

Il n'eut pas besoin d'insister. Arva et Érê, connaissant le péril, entraînèrent les petits, pendant que Targ étudiait le site. L'oasis n'avait subi que des remaniements négligeables. À peine si les ouragans avaient disloqué quelques demeures, renversé des planétaires ou des ondifères; la plupart des machines et des générateurs d'énergie devaient être intacts. Mais les réservoirs d'arcum surtout préoccupaient le veilleur. Il y en avait deux, largement entamés, dont il connaissait l'emplacement. Quand ils apparurent, il n'osa d'abord les toucher; son cœur battait de crainte. Lorsque, enfin, il se fut décidé :

— Intacts! cria-t-il avec une sorte de saisissement... Nous avons de l'eau pour deux ans. Maintenant, cherchons le refuge.

Après une longue course, il choisit une langue de terre, près de l'enceinte, à l'Ouest. Les ferromagnétaux y étaient en petit nombre : en peu de jours, on pourrait construire une barrière protectrice. Deux demeures s'offraient, spacieuses, que les météores avaient épargnées.

Targ et Arva parcoururent la plus grande. Les meubles et les instruments se décelaient solides, à peine couverts d'une fine poussière; de toutes parts, on sentait je ne sais quelle présence subtile. En entrant dans une des chambres, une profonde mélancolie saisit les visiteurs : sur le lit d'arcum, deux humains apparaissaient, étendus côte à côte. Longtemps, Targ et Arva contemplèrent ces formes paisibles, où la vie habitait naguère, où avaient tressailli la joie et la douleur...

D'autres y auraient pris une leçon de résignation; mais eux, pleins d'amertume et d'horreur, se raidissaient pour la lutte.

Ils firent disparaître les cadavres et, ayant abrité Érê avec les enfants, ils expulsèrent quelques groupes de ferromagnétaux. Ensuite, ils prirent leur premier repas sur la terre nouvelle.

— Courage! murmura Targ. Il y eut un moment, dans la profondeur de l'Éternité, où un seul couple humain exista; toute notre espèce en est descendue! Nous sommes plus forts que ce couple. Car s'il avait péri, l'humanité périssait. Ici, plusieurs peuvent mourir sans détruire encore toute espérance.

— Oui, soupira Érê ; mais l'eau couvrait la terre !

Targ la regarda avec une tendresse sans bornes.

— N'avons-nous pas déjà retrouvé l'eau une première fois ? fit-il tout bas.

Il demeura immobile, les yeux comme aveuglés par le rêve intérieur. Mais, se réveillant :

— Tandis que vous aménagerez la demeure, je vais examiner nos ressources.

Il parcourut l'oasis en tous sens, évalua les provisions laissées par les Équatoriaux, s'assura du fonctionnement des générateurs d'énergie, des machines, des planeurs, des planétaires et des ondifères. Le trésor industriel des Derniers Hommes était là, prêt à seconder toutes les renaissances. D'ailleurs, Targ avait amené des Terres-Rouges ses livres techniques et les annales, riches en notions et en souvenirs. La présence des ferromagnétaux le troublait. Dans tel district, ils s'accumulaient en masses redoutables : il suffisait de s'arrêter pendant peu de minutes, pour sentir leur sourd travail.

— Si nous avons une descendance, songeait le veilleur, la lutte sera formidable !

Il vint ainsi jusque vers l'extrémité sud de l'Équatoriale.

Là, il s'arrêta, hypnotisé : sur un champ où, jadis, croissaient des céréales, il venait d'apercevoir ces ferromagnétaux de grande taille qu'il avait découverts dans la solitude, près des Hautes-Sources. Son cœur se serra. Un souffle froid lui passa sur la nuque.

13

La halte

Les saisons coulèrent au gouffre éternel. Targ et les siens continuaient à vivre. Le vaste monde les enveloppait de sa menace. Naguère, lorsqu'ils habitaient les Terres-Rouges, ils subissaient déjà la mélancolie de ces déserts où s'annonçait la fin des Hommes. Mais, après tout, des milliers de leurs semblables occupaient avec eux le refuge suprême. Maintenant, ils concevaient une plus complète détresse; ils n'étaient plus qu'une trace minuscule de l'ancienne vie. D'un pôle à l'autre, dans toutes les plaines, sur toutes les montagnes, chaque parcelle de la planète était ennemie, hors cette autre oasis où l'euthanasie dévorait des créatures qui avaient, sans rémission, abandonné l'espérance.

On avait enveloppé le terrain choisi d'une enceinte protectrice, consolidé encore les réservoirs d'eau, rassemblé et abrité les provisions, et Targ partait souvent à la découverte, avec Érê ou Arva, à travers l'étendue désertique. Tout en cherchant l'eau créatrice, il amassait partout les matières hydrogénées. Elles étaient rares; l'hydrogène, dégagé en masses immenses aux temps de la puissance humaine et aussi lorsqu'on avait voulu remplacer l'eau de la nature par une eau industrielle, avait presque disparu. Selon les annales, la plus grande partie s'était décomposée en protoatomes et disséminée dans les espaces interplanétaires. L'autre partie avait été entraînée, par des réactions mal définies, à des profondeurs inaccessibles.

Cependant, Targ récoltait assez de substances utiles pour accroître sensiblement la provision d'eau. Mais ce ne pouvait être là qu'un expédient.

Les ferromagnétaux, surtout, préoccupaient Targ. Ils prospéraient. C'est qu'il y avait sous l'oasis, à peu de profondeur, une réserve considérable de fers *humains*. Le sol et la plaine environnante recouvraient une ville morte. Or, les ferromagnétaux attiraient le fer souterrain à une distance d'autant plus grande qu'ils étaient eux-mêmes de plus forte taille. Les derniers venus, les Tertiaires, comme les surnommait Targ, pouvaient ainsi, pourvu qu'ils y missent le temps, puiser à plus de huit mètres. Par surcroît, les déplacements du métal, à la longue, ouvraient dans la terre des brèches par où les Tertiaires pouvaient s'introduire. Les autres ferromagnétaux déterminaient des effets analogues, mais incomparablement plus faibles. D'ailleurs, ils ne descendaient jamais dans des profondeurs de plus de deux ou trois mètres. Pour les Tertiaires, Targ ne tarda pas à constater qu'il n'y avait guère de limites à leur pénétration : ils descendaient aussi loin que le permettaient les fissures.

Il fallut prendre des mesures spéciales pour les empêcher de miner le sol où habitaient les deux familles. Les machines creusèrent, sous l'enceinte, des galeries dont les parois furent doublées d'arcum et plaquées de bismuth. Des piliers de ciment granitique, assis sur le roc, assurèrent la solidité des voûtes. Ce vaste travail dura plusieurs mois : les puissants générateurs d'énergie, les machines souples et subtiles, permirent de l'exécuter sans fatigue. Il devait, selon les calculs de Targ et d'Arva, résister pendant trente ans à tous les dégâts des Tertiaires, et cela dans l'hypothèse que la multiplication de ceux-ci serait très intense.

14

L'euthanasie

Or, après trois années, grâce à l'appoint fourni par les corps hydrogénés, la provision d'eau n'avait guère décru. Les provisions solides demeuraient abondantes et il en existait encore dans les autres oasis. Mais aucune trace de source ne s'était décelée, quoique Arva et Targ eussent sondé le Désert, infatigablement et à des distances énormes.

Le sort des Terres-Rouges troublait l'âme des réfugiés. Souvent, l'un ou l'autre avait lancé un appel dans le Grand Planétaire. Personne n'avait répondu. Le frère et la sœur poussèrent plusieurs fois leur voyage jusqu'à l'oasis. À cause de la loi inexorable, ils n'osaient atterrir, ils planaient. Aucun habitant ne daignait s'apercevoir de leur présence. Et ils virent que l'euthanasie accomplissait son œuvre. Beaucoup plus d'êtres que ne l'exigeait la règle avaient trépassé[1]. Vers le trentième

1. *Avaient trépassé* : étaient morts.

mois, à peine s'il demeurait une vingtaine d'habitants.

Un matin d'automne, Arva et Targ partirent pour un voyage. Ils comptaient suivre la double route qui reliait, depuis des âges immémoriaux, l'Équatoriale des Dunes aux Terres-Rouges. En route, Targ obliquerait vers une contrée qui, dans une précédente croisière, l'avait impressionné. Campée sur un des relais-refuges, Arva l'attendrait. Ils se parleraient aisément, car Targ emportait un ondifère mobile, qui pouvait recevoir et transmettre la voix à plus de mille kilomètres. Ainsi que dans leurs précédentes explorations, ils communiqueraient avec Érê et les enfants, tous les planétaires de l'oasis et des relais ayant été maintenus en bon ordre.

Aucun péril ne menaçait Érê, hors ceux qui dominent de si haut l'énergie humaine qu'ils ne lui feraient pas courir plus de risques qu'à Targ et à Arva. Les enfants avaient grandi; leur sagesse, précoce comme celle de tous les Derniers Hommes, ne différait guère de celle des adultes. Les deux aînés — un fils de Manô, une fille du veilleur — maniaient parfaitement les énergies et les appareils. Contre les entreprises aveugles des ferromagnétaux, ils valaient des hommes. Un atavisme sûr les conseillait. Cependant, Targ avait passé, la veille, de longues heures à inspecter l'enclave familiale et les alentours. Tout était normal.

Avant le départ, les deux familles s'assemblèrent auprès des planeurs. Ce fut, comme à chaque grand départ, une minute impressionnante. Dans la lumière horizontale, ce petit groupe était toute l'espérance humaine, toute la volonté de vivre, toute la vieille énergie des mers, des forêts, des savanes et des villes. Là-bas, aux Terres-Rouges, ceux qui palpitaient encore n'étaient plus que des fantômes. Et Targ enveloppa sa race et la race d'Arva d'un long regard d'amour. La clarté des races blondes avait passé d'Érê sur sa fille. Les deux têtes vêtues d'or se touchaient presque : quelle fraîcheur émanait d'elles !... quelles légendes profondes et tendres !

Les autres aussi, malgré leurs visages bistres et leurs yeux d'anthracite, avaient une singulière jeunesse, — le regard ardent de Targ ou l'aptitude au bonheur de Manô.

— Ah ! s'exclama-t-il, qu'il est dur de vous quitter ! Mais le danger serait bien plus grand de partir ensemble !

Tous savaient bien, même les enfants, que le salut était au-dehors, dans quelque coin mystérieux des déserts. Ils savaient aussi que l'oasis, le centre de leur existence, devait toujours être occupée. D'ailleurs, ne communiaient-ils pas, plusieurs fois par jour, par la voix des planétaires ?

— Allons ! fit enfin Targ.

Le frisson subtil des énergies s'entendit aux ailes des planeurs. Ils s'élevèrent, ils décrurent dans le matin de nacre et de saphir. Érê les vit

disparaître à l'horizon. Elle soupira. Quand Arva et Targ n'étaient plus là, la fatalité pesait plus lourde. La jeune femme épiait l'oasis avec des yeux craintifs et chaque geste des petits éveillait son inquiétude. Chose bizarre! Sa peur évoquait des dangers qui n'étaient plus de ce monde. Elle ne redoutait ni le minéral, ni les ferromagnétaux, elle redoutait de voir surgir des hommes inconnus, des hommes qui viendraient du fond de l'immensité inhabitable... Et cet étrange ressouvenir de l'antique instinct la faisait parfois sourire, mais, parfois aussi, lui donnait un frisson, surtout lorsque le soir posait ses ondes noires sur l'Équatoriale des Dunes.

Targ et sa compagne sillaient vertigineusement dans la mer aérienne. Ils aimaient la vitesse. Tant de voyages n'avaient pu éteindre la joie de défier l'espace. La sombre planète était comme vaincue. Ils voyaient s'avancer ses plaines sinistres, ses âpres rocs, et les monts semblaient se précipiter sur eux pour les anéantir. Mais, d'un geste menu, ils triomphaient des abîmes et des pics formidables. Effrayantes, flexibles et soumises, les énergies chantaient tout bas leur hymne; le mont était franchi, les planeurs légers redescendaient vers les déserts où, vagues, tardifs, pesants, évoluaient les ferromagnétaux. Qu'ils semblaient pitoyables et dérisoires! Mais Targ et Arva connaissaient leur force secrète. C'étaient les vainqueurs. Le temps était devant eux et pour eux, les choses coïncidaient avec leur volonté obscure; un jour, leurs descendants produiraient des pensées admirables et manieraient des énergies merveilleuses...

Targ et Arva résolurent d'aller d'abord jusqu'aux Terres-Rouges. Leur âme s'élançait vers l'ultime asile de leurs semblables, dans un désir passionné, où il y avait de la crainte, de la détresse, un amour profond et chagrin. Tant que les hommes persisteraient là-bas, il y aurait je ne sais quelle subtile et tendre promesse. Quand ils auraient enfin disparu, la planète semblerait plus lugubre encore, les déserts plus hideux et plus vastes.

Après une courte nuit passée sur un des relais, les voyageurs eurent, par la voie du planétaire, une causerie avec Érê et les enfants : c'était moins pour se rassurer que pour rejoindre la famille à travers l'espace. Ensuite, ils sillèrent vers l'oasis. Ils y parvinrent avant le milieu du jour.

Elle semblait immuable. Telle ils l'avaient quittée, telle elle se profilait au foyer de leurs oculaires[1]. Les demeures d'arcum miroitaient au soleil, on apercevait les plates-formes des ondifères, les remises des motrices et des planeurs, les transformateurs d'énergie, les machines colossales ou délicates, les appareils qui puisaient naguère l'eau aux entrailles du sol

1. *Oculaires* : viseurs d'un instrument d'optique.

et les champs où poussèrent les dernières plantes... Partout demeurait l'image de la puissance et de la subtilité humaines. Au premier signal, des forces incalculables pouvaient être déchaînées, puis asservies, d'énormes travaux accomplis. Tant de ressources demeuraient aussi inutiles que la palpitation d'un rayon dans l'éther infini! L'impuissance de l'homme était dans sa structure même : né avec l'eau, il s'évanouissait avec elle.

Pendant quelques minutes, les planeurs voguèrent par-dessus l'oasis. Elle semblait déserte. Aucun homme, aucune femme, aucun enfant ne se montrait au seuil des demeures, sur les chemins ni sur les champs incultes. Et cette solitude glaçait l'âme des serviteurs.

— Seraient-ils morts enfin? murmura Arva.

— Peut-être! répondit Targ.

Les planeurs descendirent, jusqu'à frôler le haut des maisons et les plates-formes des planétaires. C'était le silence et l'immobilité d'une nécropole[1]. L'air, assoupi, ne mouvait pas même la poussière; seules des bandes de ferromagnétaux s'agitaient avec lenteur.

Targ se décida à descendre sur une plateforme et fit vibrer le transmetteur d'un ondifère; un appel puissant se répéta de conque en conque.

— Des hommes! s'écria soudain Arva.

Targ reprit son vol. Il vit deux personnages

1. *Nécropole* : vaste cimetière.

au seuil d'une demeure et, pendant quelques minutes, hésita à les interpeller. Quoique les habitants de l'oasis ne formassent plus qu'un groupe pitoyable, Targ vénérait en eux son Espèce et respectait la loi. Celle-ci était gravée dans chacune de ses fibres ; elle lui apparaissait profonde comme la vie même, redoutable et tutélaire[1], infiniment sage, inviolable. Et, puisqu'elle l'exilait à jamais des Terres-Rouges, il s'inclinait devant elle.

Aussi sa voix trembla-t-elle, lorsqu'il s'adressa à ceux qui venaient d'apparaître.

— Combien y a-t-il de vivants dans l'oasis ?

Les deux hommes élevèrent des visages pâles, qui exprimaient une étrange sérénité. Puis, l'un d'eux répondit :

— Nous sommes cinq encore... Ce soir, nous serons délivrés !

Le cœur du veilleur se serra. Il reconnaissait, dans les regards qui croisaient le sien, la lueur brumeuse de l'euthanasie.

— Pouvons-nous descendre ? fit-il humblement. La loi nous exile.

— La loi est finie ! murmura le deuxième homme. Elle a disparu au moment où nous avons accepté la grande guérison...

Au bruit des voix, trois autres vivants parurent, deux hommes et une jeune femme. Tous considéraient les planeurs d'un air d'extase.

1. *Tutélaire* : protectrice.

Alors, Targ et Arva atterrirent.

Il y eut un court silence. Le veilleur examinait avidement les derniers de ses semblables. La mort était en eux; aucun remède ne pouvait combattre les poisons délicieux de l'euthanasie.

La femme, toute jeune, était de beaucoup la plus pâle des cinq. Hier encore, elle portait l'avenir, aujourd'hui, elle était plus vieille qu'une centenaire. Et Targ s'exclama :

— Pourquoi avez-vous voulu mourir? L'eau est-elle donc épuisée?

— Que nous importe l'eau! chuchota la jeune femme. Pourquoi vivrions-nous? Pourquoi nos ancêtres ont-ils vécu? Une folie inconcevable les a fait résister, pendant des millénaires, au décret de la nature. Ils ont voulu se perpétuer dans un monde qui n'était plus le leur. Ils ont accepté une existence abjecte..., uniquement pour ne pas disparaître. Comment est-il possible que nous ayons suivi leur pitoyable exemple?... Il est si doux de mourir!

Elle parlait d'une voix lente et pure. Ses paroles faisaient un mal affreux à Targ. Chaque atome de sa chair se soulevait contre une telle résignation. Et la joie paisible qui éclatait sur la face des agonisants lui demeurait incompréhensible.

Il se tut pourtant. De quel droit essaierait-il de mêler la plus légère amertume à leur fin, puisque cette fin n'était plus évitable?... La jeune femme entrefermait les paupières. Sa faible exaltation s'éteignait, son souffle se ralentissait de seconde en seconde et, s'appuyant contre une cloison d'arcum, elle répéta :

— Il est si doux de mourir !

Et l'un des hommes murmura :

— La délivrance est prochaine.

Puis, tous attendirent. La jeune femme s'était étendue sur le sol, elle respirait à peine. Une pâleur croissante envahissait ses joues. Puis, elle rouvrit un moment les yeux, elle regarda Targ et Arva avec une tendresse apitoyée.

— La folie de la souffrance demeure en vous, balbutia-t-elle.

Sa main se souleva et retomba lentement. Ses lèvres frémirent. Une dernière onde agita sa chair. Enfin, ses membres s'allongèrent et elle s'éteignit aussi doucement qu'une petite étoile au bas de l'horizon.

Ses quatre compagnons la considéraient avec une tranquillité heureuse.

L'un d'eux murmura :

— La vie n'a jamais été désirable..., même au temps où la terre voulait la puissance des hommes...

Frappés d'horreur, Targ et Arva gardèrent longtemps le silence. Puis, ils enveloppèrent pieusement celle qui, la dernière, avait représenté le Futur aux Terres-Rouges. Mais ils n'eurent pas le courage de rester avec les autres. La certitude absolue de leur mort les remplissait d'épouvante.

— Partons, Arva, dit-il doucement.

— Aujourd'hui, disait le veilleur, tandis que son planeur volait de conserve avec celui d'Arva..., nous sommes vraiment, nous et les nôtres, la seule, la dernière chance de l'espèce humaine.

Sa compagne tourna vers lui un visage plein de larmes.

— Malgré tout, balbutia-t-elle, c'était une grande douceur de savoir qu'on vivait encore aux Terres-Rouges. Que de fois cela m'a consolée... Et maintenant, maintenant!

Son geste montrait l'étendue implacable et les lourdes montagnes de l'Occident. Elle eut un cri d'abandon :

— Tout est fini, mon frère!

Lui-même avait baissé la tête. Mais il réagit contre la douleur; il clama, les yeux étincelants :

— La mort seule détruira mon espérance...

Pendant plusieurs heures, les planeurs suivirent la ligne des routes. Lorsque parut le pays qui attirait Targ, ils ralentirent. Arva choisit le relais où elle devait attendre. Puis, le planétaire ayant apporté les voix d'Érê et des enfants, le veilleur s'élança seul vers les solitudes. Il connaissait déjà la contrée, grossièrement, dans une aire qui s'étendait jusqu'à douze cents kilomètres des routes.

Plus il avançait, plus les sites devenaient chaotiques. Une chaîne de collines se présenta, puis, de nouveau, la plaine déchiquetée. Maintenant, Targ voguait en plein inconnu. À plusieurs reprises, il descendit jusqu'au niveau du sol ; un vertige le poussait à franchir de nouvelles étapes.

Une immense muraille rousse barra l'horizon. L'aviateur la franchit et silla sur l'abîme. Des gouffres s'y creusaient, gouffres de ténèbres, dont on ne pouvait même deviner la profondeur. Partout se décelait la trace d'immenses convulsions ; des monts entiers avaient croulé, d'autres se tordaient, prêts à s'abattre dans le vide insondable. Le planeur décrivit de longues paraboles sur cet impressionnant paysage. La plupart des gouffres étaient si larges que les avions auraient pu y descendre par douzaines.

Targ alluma son fanal et commença l'exploration au hasard. Il s'engagea d'abord dans une crevasse ouverte au bas de la falaise ; la lumière semblait se dissoudre pour atteindre le fond, qui se décela sans issue.

Un second gouffre parut d'abord propice à l'aventure. Plusieurs galeries s'enfonçaient dans la terre ; Targ les explora sans profit.

Le troisième voyage fut vertigineux. Le planeur descendit à plus de deux mille mètres avant de toucher terre. Le fond de ce trou démesuré formait un trapèze dont le plus petit côté avait deux hectomètres. Partout s'ouvraient des cavernes. Il fallut une heure pour les parcourir. Hors d'eux, toutes étaient bornées par des parois pleines. Les deux, au rebours, comportaient de nombreuses fissures, mais trop étroites pour permettre le passage d'un homme.

— N'importe! murmurait Targ au moment où il se disposait à abandonner la deuxième caverne... Je reviendrai.

Soudain, il eut cette impression étrange qu'il avait ressentie, dix ans auparavant, le soir du grand désastre. Tirant vivement son hygroscope, il considéra l'aiguille et poussa un cri de triomphe : *il y avait de la vapeur d'eau dans la caverne.*

15

L'ENCLAVE A DISPARU

Longtemps, Targ marcha dans la pénombre. Toutes ses pensées étaient éparses, une joie démesurée emplissait sa chair. Lorsqu'il revint à lui, il songea :

— Il n'y a provisoirement rien à faire. Pour atteindre l'eau mystérieuse, il faut découvrir quelque issue, ailleurs qu'au fond du gouffre, ou se frayer un passage : c'est une question de temps ou une question de travail. Dans la première conjoncture[1], la présence d'Arva serait infiniment utile. Dans la seconde, il faudrait rejoindre l'Équatoriale des Dunes et ramener les appareils nécessaires pour capter l'énergie et fendre les granits.

Tout en faisant ses réflexions, le jeune homme avait appareillé. Bientôt, le planeur décrivit les courbes hélicoïdales qui devaient le ramener à la surface. En deux minutes, il sortait du gouffre et, tout de suite, le veilleur, orientant son ondifère mobile, lança un appel.

1. *Conjoncture* : situation.

Rien ne répondit.

Étonné, il darda[1] des ondes plus intenses. Le récepteur demeura muet. Une légère anxiété saisit Targ; il lança l'appel circulaire qui, successivement, attaquait toutes les directions. Et, comme le silence persistait, il commença à craindre quelque circonstance désagréable. Trois hypothèses se présentaient : un accident était survenu, ou Arva avait quitté le refuge, ou, enfin, elle s'était endormie.

Avant de lancer un dernier appel, l'explorateur détermina sa position actuelle avec une exactitude minutieuse. Ensuite il donna aux ondes leur maximum d'intensité. Elles allaient ébranler les conques réceptrices avec une telle force que, même endormie, Arva devrait les entendre... Cette fois encore, l'étendue ne fit aucune réponse.

La jeune femme avait-elle décidément quitté le refuge? Certes, elle ne s'y était pas résolue sans cause grave. De toute manière, il fallait la rejoindre.

Déjà, il se rembarquait et filait à toute vitesse.

En moins de trois heures, il franchit mille kilomètres. Le relais se précisait dans l'oculaire de la lunette aérienne. Il était désert! Et, tout autour, Targ n'apercevait personne. Arva s'était donc éloignée? Mais où? Mais pourquoi? Elle ne devait pas être loin, car son planeur demeurait à l'ancre...

1. *Darda* : lança.

Les dernières minutes furent d'une longueur intolérable; il semblait que le véloce esquif[1] n'avançât plus; une buée couvrait les yeux du jeune homme.

Enfin, le refuge fut là. Targ l'aborda par le milieu, accrocha l'appareil et se précipita. Une plainte jaillit de sa poitrine. De l'autre côté de la route, contre le talus vertical — ce qui l'avait rendue invisible —, gisait Arva. Elle était aussi pâle que la femme qui, naguère, aux Terres-Rouges, avait succombé à l'euthanasie; Targ vit avec horreur un grouillement de ferromagnétaux — des Tertiaires de la plus grande taille — se presser autour d'elle...

En deux gestes, Targ accrocha son échelle d'arcum, puis, descendant auprès de la jeune femme, il la prit sur son épaule et remonta.

Elle n'avait pas remué; sa chair était inerte et Targ, agenouillé, essaya de surprendre la palpitation du cœur. En vain. La mystérieuse énergie qui rythme l'existence semblait évanouie...

Avec tremblement, le veilleur posa l'hygroscope sur les lèvres de la jeune femme. Le délicat instrument décela ce que l'ouïe n'avait pu découvrir : Arva n'était pas morte!

Mais son évanouissement était si profond, sa faiblesse si grande, qu'elle pouvait mourir d'une seconde à l'autre.

La cause du mal apparaissait évidente; elle était due, sinon uniquement, du moins pour la

1. *Esquif* : ici, le planeur.

plus large part, à l'action des ferromagnétaux. La singulière pâleur d'Arva annonçait une excessive déperdition d'hémoglobine.

Heureusement, Targ ne voyageait jamais sans emporter les instruments, les stimulants et les remèdes traditionnels. Il injecta, à quelques minutes de distance, deux doses d'un cordial puissant. Le cœur se remit à battre, quoique avec une extrême faiblesse; les lèvres d'Arva murmurèrent :

— Les enfants..., la terre...

Puis, elle tomba dans un sommeil que Targ savait ne pouvoir ni ne devoir combattre, sommeil fatal et salutaire pendant lequel, de trois heures en trois heures, il injecterait quelques milligrammes de « fer organique ». Et il faudrait vingt-deux heures au moins avant qu'Arva supportât un court réveil. N'importe! La plus lourde inquiétude avait disparu. Le veilleur, connaissant la santé parfaite de sa sœur, ne craignait aucune suite redoutable. Toutefois, il restait nerveux. L'événement, en somme, ne s'expliquait point. Pourquoi Arva gisait-elle au bas du talus? Avait-elle, elle si vigilante et si adroite, fait une chute? C'était possible, — non probable.

Que faire? Demeurer ici jusqu'à ce qu'elle eût repris ses forces? Il faudrait au moins deux semaines pour la rétablir complètement. Mieux valait repartir pour l'Équatoriale des Dunes. Rien ne pressait, au fond. L'aventure que poursuivait Targ n'était pas de celles dont l'issue dépend de quelques journées.

Il se dirigea vers le Grand Planétaire et déchaîna les ondes d'appel. Comme là-bas, au sortir du gouffre, il ne reçut aucune réponse. Tout de suite, une émotion terrible l'agita. Il répéta les signaux, il leur donna le maximum d'intensité. Et il devint manifeste qu'Érê et les enfants étaient, pour quelque cause énigmatique, ou dans l'impossibilité d'entendre ou dans l'incapacité de répondre. Les deux termes de l'alternative étaient également menaçants ! Des liens sûrs existaient entre l'accident d'Arva et le silence du Planétaire.

Une crainte intolérable rongeait la poitrine du jeune homme... Les jarrets tremblants, et contraint de s'appuyer contre le support du Grand Planétaire, il fut incapable de prendre une décision. Enfin, il se détacha, morne et résolu, examina avec une attention anxieuse tous les organes de son planeur, assujettit Arva sur le plus grand des sièges et prit son vol.

Ce fut un voyage lamentable. Il ne fit qu'une seule halte, vers le crépuscule, pour tenter encore un appel. Rien n'ayant répondu, il enveloppa étroitement Arva dans une couverture de silice laineuse et lui injecta une dose du cordial, plus massive que les premières. À peine si, dans la profondeur de son engourdissement, elle eut un faible frisson.

Toute la nuit, le planeur fendit les ténèbres étoilées. Le froid étant trop vif, Targ contourna le mont Squelette. Deux heures avant l'aube, les constellations australes apparurent. Le voyageur, avec un battement de cœur, considérait tantôt la croix tracée sur le Sud et tantôt cet astre brillant, le plus proche voisin du Soleil, dont la lueur ne met que trois ans pour atteindre la terre. Comme ce ciel devait être beau, lorsque des créatures jeunes le considéraient à travers le feuillage des arbres, et plus encore lorsque des nuages argentés mêlaient leur promesse féconde aux petites lampes de l'infini. Ah! et il n'y aura plus jamais de nuages!

Une lueur fine emperla le levant, puis le Soleil montra son disque énorme. L'Équatoriale des Dunes était proche. À travers l'objectif de la lunette aérienne, Targ apercevait parfois, dans l'échancrure des dunes, l'enceinte de bismuth et les demeures d'arcum ambrées[1] par le matin... Arva dormait toujours et une nouvelle dose du stimulant ne la réveilla point. Toutefois, sa pâleur était moins livide; les artères frissonnaient faiblement; la peau n'avait plus cette « raideur translucide » qui suggérait la mort.

— Elle est hors de danger! s'affirma Targ.

Et cette certitude soulageait sa peine.

Toute sa vigilance se porta sur l'oasis. Il cherchait à apercevoir l'enclave familiale. Deux mamelons la cachaient encore. Enfin, elle apparut et, de saisissement, Targ tordit le gouvernail

1. *Ambrées* : de la couleur jaune orangé de l'ambre.

du planeur qui plongea brusquement, comme un oiseau blessé.

L'enclave tout entière, avec ses maisons, ses hangars et ses machines, avait disparu.

16

DANS LA NUIT ÉTERNELLE

Le planeur n'était plus qu'à vingt mètres du sol. En pleine vitesse, il allait tomber à pic et se briser, lorsque Targ, d'instinct, le redressa. Alors, légèrement, et traçant une parabole élégante, il reprit son vol jusqu'aux abords de l'enclave. Et ayant atterri, le veilleur demeura immobile, paralysé de douleur, devant une fosse énorme et chaotique : là gisaient, sous les ténèbres de la terre, les êtres qu'il aimait plus que lui-même.

Pendant longtemps, les pensées rampèrent en désordre dans le cerveau du pauvre homme. Il ne songeait pas aux causes du cataclysme, il n'en discernait que la férocité obscure, il le rattachait confusément à tous les malheurs de ce morne septénaire[1]. Les images défilaient au hasard. Constamment, il apercevait les siens, tels qu'il les avait quittés l'avant-veille. Puis, les silhouettes tranquilles étaient emportées dans une

1. *Septénaire* : période de 70 ans.

horreur innommable... Le sol s'ouvrait. Il les voyait disparaître. L'épouvante était sur leurs faces. Ils appelaient celui en qui ils avaient mis leur confiance et qui, peut-être à l'heure même de leur mort, croyait vaincre la fatalité...

Lorsqu'il put enfin réfléchir, le Dernier Homme essaya de se figurer la catastrophe. Était-ce une nouvelle secousse planétaire ? Non ! aucun sismographe n'avait enregistré le moindre trouble. D'ailleurs, à part quelques hectares de l'oasis et du désert, l'enclave seule se trouvait atteinte. L'événement se ramenait aux circonstances antérieures : le sous-sol, fracturé, s'était rompu. Ainsi, le malheur qui ruinait la suprême espérance n'était pas une grande convulsion de la nature, mais un accident infinitésimal, à la taille des faibles créatures englouties.

Pourtant, Targ croyait y voir transparaître la même volonté cosmique qui avait condamné les Oasis...

Sa douleur ne le laissait pas inactif. Il scrutait les ruines. Elles ne laissaient apercevoir aucun vestige d'œuvre humaine. Accumulateurs d'énergie, machines à fouir[1], à perforer, à cultiver, à broyer, planeurs, motrices, maisons, disparaissaient dans une masse informe de rocs et de pierres. Où étaient ensevelis Érê et les enfants ? Les calculs ne permettaient qu'une

1. *Fouir* : creuser.

approximation grossière et peut-être décevante : il fallait agir au hasard.

Targ assembla, vers le Nord, les appareils utiles pour les déblais et le creusement, puis, ayant condensé l'énergie protoatomique, il attaqua l'immense fosse. Pendant une heure, les machines ronflèrent. Les crics soulevaient les blocs et les rejetaient automatiquement ; les paraboloïdes de cobalt enlevaient la pierraille, et, à mesure, les pilons, par des chocs lents et irrésistibles, équilibraient les parois. Lorsque la tranchée eut atteint une longueur de vingt mètres, un planeur se montra, puis un grand planétaire avec son support de granit et ses accessoires, puis une maison d'arcum.

Leur emplacement précisait les calculs de Targ. En supposant que la catastrophe eût surpris la famille auprès de la demeure, il fallait creuser vers l'Ouest. Si Érê ou les enfants avaient pu atteindre le planétaire qui faisait communiquer l'Équatoriale des Dunes avec les Terres-Rouges (comme le faisait supposer l'accident d'Arva), c'est vers le Sud-Ouest qu'il convenait de faire les recherches.

Le veilleur établit des appareils à proximité des deux endroits probables et reprit le travail. « Humanisées » par l'effort incalculable des générations, les vastes machines avaient la puissance des éléments et la délicatesse de mains fines. Elles soulevaient des rocs, elles amassaient la terre et les pierres menues sans à-coups. Il suffisait de pressions légères pour les orienter, les accélérer, les ralentir ou arrêter leur marche. Elles représentaient, entre les mains du Dernier Homme, une puissance que ne possédait pas, aux ères primitives, toute une tribu, toute une peuplade...

Un toit d'arcum se montra. Il était tordu, bossué et, de-ci de-là, un bloc l'avait fendu. Mais des signes précis le faisaient reconnaître. Il avait abrité, depuis l'atterrissage à l'Équatoriale des Dunes, toutes les tendresses, les rêves et les espérances de la suprême famille humaine... Targ arrêta les outils qui commençaient à le soulever, il le considéra avec effroi et douceur. Quelle énigme cachait-il? Quel drame allait-il révéler au malheureux recru de tristesse et de fatigue?

Pendant de longues minutes, le veilleur hésita à reprendre sa tâche. Enfin, élargissant une des déchirures, il se laissa glisser dans la demeure.

La chambre où il se trouva était vide. Quelques blocs l'obstruaient, qui avaient arraché un lit de la muraille et l'avaient écrasé. Une table était réduite en miettes, plusieurs vases d'alumine souple aplatis sous les pierres.

Ce spectacle avait le caractère indifférent des destructions matérielles. Mais il suggérait des scènes plus émouvantes. Targ, tout tremblant, passa dans la chambre voisine; elle était vide et dévastée comme la première. Successivement, il visita tous les recoins de la maison. Et, quand il se trouva dans la première pièce, à quelques pas de la porte d'entrée, une stupeur se mêla à son angoisse.

— Pourtant, chuchota-t-il, il est assez naturel que, au premier signe de danger, ils aient fui au-dehors...

Il essaya de se figurer la manière dont s'était produit le premier choc et aussi l'image qu'Érê avait pu se faire du péril. Il ne lui vint que des sensations et des idées contradictoires. Une seule impression demeurait fixe : c'est que l'instinct devait conduire la famille près du planétaire des Terres-Rouges. C'est donc vers là qu'il était logique de se diriger. Mais comment? Érê était-elle parvenue au Grand Planétaire, ou avait-elle succombé en route? Les mots balbutiés par Arva revinrent à la mémoire du veilleur. L'événement leur donnait un sens. Érê ou l'un des enfants, peut-être tous, étaient, presque sûrement, parvenus jusque-là. Il fallait donc y reprendre le travail au plus vite, ce qui n'empêcherait pas d'amorcer une galerie de communication.

Sa résolution prise, Targ leva la porte d'entrée et tenta une exploration rapide. Mais les blocs et la pierraille lui opposaient un obstacle infranchissable. Il ressortit par le toit et remit en mouvement les machines du Sud-Ouest. Ensuite, il disposa les appareils du Nord et leur fit entamer la galerie. Il s'occupa aussi d'Arva, dont la léthargie prenait peu à peu les apparences du sommeil normal.

Puis, il attendit, vigilant, les yeux fixés sur les rouages dociles. Parfois, il rectifiait leur travail d'un geste furtif; parfois, il arrêtait un pic, une lame, une hélice, une turbine, pour examiner le terrain. À la fin, il aperçut, tordue et bossuée, la haute tige du planétaire et la conque étincelante. Dès lors, il ne cessa de diriger l'énergie. Seuls, fonctionnaient les organes subtils qui, selon l'occurrence[1], soulevaient la pierre épaisse ou ramassaient les menus débris.

Et il poussa une plainte lugubre comme un cri d'agonie... Une lueur venait d'apparaître, cette lueur flexible et vivante qu'il avait aperçue, le jour du désastre, parmi les ruines des Terres-Rouges. Son cœur gela; ses dents claquèrent. Les yeux pleins de larmes, il ralentissait tous les mouvements, il ne laissait agir que les mains de métal, plus adroites et plus douces que des mains d'homme.

Puis, il arrêta tout, il souleva contre sa poitrine, avec de rauques sanglots, ce corps qu'il avait si passionnément aimé...

D'abord, une onde d'espoir traversa son saisissement. Il lui semblait qu'Érê n'était pas froide encore. Plein de fièvre, il posa l'hygroscope sur les lèvres pâles...

Elle avait disparu dans la nuit éternelle.

Longtemps, il la contempla. Elle lui avait révélé la poésie des anciens âges; des rêves

1. *Selon l'occurrence* : selon le cas.

d'une jeunesse extraordinaire transfiguraient la morne planète ; Érê était l'amour, dans ce qu'il a de vaste, de pur et presque d'éternel. Et, lorsqu'il la tenait dans ses bras, il lui semblait voir revivre une race neuve et innombrable.

— Érê ! Érê ! murmura-t-il... Érê, fraîcheur du monde ! Érê, dernier songe des hommes !

Puis, son âme se raidit. Il posa sur les cheveux de sa compagne un baiser amer et farouche, il se remit au travail.

Successivement, il les ramena tous. Le minéral s'était montré moins féroce pour eux que pour la jeune femme ; il leur avait épargné la mort lente, l'émiettement intolérable des énergies. Les blocs avaient broyé les crânes, ouvert les cœurs, écrasé les torses...

Alors, Targ s'abattit sur le sol et pleura sans fin. La douleur était en lui, vaste comme le monde. Il se repentait amèrement d'avoir lutté contre la fatalité inexorable. Et les paroles de la femme mourante, aux Terres-Rouges, retentissaient à travers sa peine comme le glas de l'immensité...

Une main lui toucha l'épaule. Il se dressa en sursaut ; il vit Arva, penchée sur lui, livide et chancelante. Elle était si accablée qu'aucune larme ne lui venait aux paupières ; mais tout le désespoir possible aux faibles créatures dilatait ses pupilles. Elle murmurait d'une voix sans timbre :

— Il faut mourir ! Il faut mourir !

Leurs yeux se pénétrèrent. Ils s'étaient aimés,

profondément, chaque jour de leur vie, à travers toute la réalité et tous les rêves. Les mêmes espérances leur avaient été passionnément communes et, dans la misère infinie, leur souffrance était encore fraternelle.

— Il faut mourir ! répéta-t-il comme un écho.

Puis, ils s'étreignirent et, pour la dernière fois, deux poitrines humaines battirent l'une contre l'autre...

Alors, en silence, elle porta à ses lèvres le tube d'iridium qui ne la quittait jamais... Comme la dose était massive et la faiblesse d'Arva extrême, l'euthanasie dura peu de minutes.

— La mort, la mort, balbutiait l'agonisante. Oh ! comment avons-nous pu la craindre !

Ses yeux s'obscurcirent, une lassitude heureuse détendit ses lèvres, et sa pensée était complètement évanouie, lorsque le dernier souffle s'exhala de sa poitrine.

Et il n'y avait plus qu'un seul homme sur la terre.

Assis sur un bloc de porphyre, il demeura enseveli dans sa tristesse et dans son rêve. Il refaisait, une fois encore, le grand voyage vers l'amont des temps, qui avait si ardemment exalté son âme... Et, d'abord, il revit la mer primitive, tiède encore, où la vie foisonnait, inconsciente et insensible. Puis vinrent les créatures aveugles et sourdes, extraordinaires d'énergie et d'une fécondité sans bornes. La vision naquit, la divine lumière créa ses temples minuscules ; les êtres nés du Soleil connurent son existence. Et la terre ferme apparut. Les peuples de l'eau s'y répandirent, vagues, confus et taciturnes. Pendant trois mille siècles, ils créèrent les formes subtiles. Les insectes, les batraciens et les reptiles connurent les forêts de la fougère géante, le pullulement des calamites et des sagittaires [1]. Quand les arbres avancèrent leurs torses magnifiques, alors aussi se montrèrent d'immenses reptiles. Les Dinosauriens avaient la taille des cèdres, les Ptérodactyles planaient sur les formidables marécages... En ces âges naissent, chétifs, gourds et stupides, les premiers mammifères. Ils rôdent, misérables, et si petits qu'il en eût fallu cent mille pour faire le poids d'un iguanodon. Durant d'interminables millénaires, leur existence demeure imperceptible et presque dérisoire. Ils croissent, pourtant. L'heure vient où c'est leur tour, où leurs espèces se lèvent en force à tous les détours de la savane, dans toutes les pénombres des futaies. C'est eux, maintenant, qui font figure de colosses. Le dinothérium, l'éléphant antique, les rhinocéros cuirassés comme les vieux chênes, les hippopotames aux ventres insatiables, l'urus, l'aurochs, le machaerodus, le lion géant et le lion jaune, le tigre, l'ours des cavernes, et la baleine, aussi massive que plusieurs diplodocus, et le cachalot dont la bouche est une caverne, aspirent les énergies éparses.

1. *Le pullulement des calamites et des sagittaires* : la multiplication de plantes diverses.

Puis, la planète laissa prospérer l'homme : son règne fut le plus féroce, le plus puissant — et le dernier. Il fut le destructeur prodigieux de la vie. Les forêts moururent et leurs hôtes sans nombre, toute bête fut exterminée ou avilie. Et il y eut un temps où les énergies subtiles et les minéraux obscurs semblèrent eux-mêmes esclaves; le vainqueur capta jusqu'à la force mystérieuse qui a assemblé les atomes.

— Cette frénésie même annonçait la mort de la terre..., la mort de la terre pour *notre* Règne! murmura doucement Targ.

Un frisson secoua sa douleur. Il songea que ce qui subsistait encore de sa chair s'était transmis, *sans arrêt*, depuis les origines. Quelque chose qui avait vécu dans la mer primitive, sur les limons naissants, dans les marécages, dans les forêts, au sein des savanes, et parmi les cités innombrables de l'homme, ne s'était jamais interrompu jusqu'à lui... Et voilà! Il était le seul homme qui palpitât sur la face, redevenue immense, de la terre!...

La nuit venait. Le firmament montra ces feux charmants qu'avaient connus les yeux de trillions[1] d'hommes. Il ne restait que deux yeux pour les contempler!... Targ dénombra ceux qu'il avait préférés aux autres, puis il vit encore se lever l'astre ruineux, l'astre troué, argentin et légendaire, vers lequel il leva ses mains tristes...

1. *Trillions* : mille milliards à l'époque où Rosny écrit le roman; depuis 1948, un milliard de milliards.

Il eut un dernier sanglot ; la mort entra dans son cœur et, se refusant l'euthanasie, il sortit des ruines, il alla s'étendre dans l'oasis, parmi les ferromagnétaux.

Ensuite, humblement, quelques parcelles de la dernière vie humaine entrèrent dans la Vie Nouvelle.

À VOUS DE JOUER

TESTEZ

VOTRE ATTENTION

VOTRE MÉMOIRE

VOS CONNAISSANCES

VOTRE PERSPICACITÉ

Dossier-jeu

1. ***Pouvez-vous remettre dans l'ordre du récit les séquences suivantes :***

    a. Lors d'une expédition, Targ et Arva rencontrent les cinq derniers survivants des Terres-Rouges ; ils savent qu'ils sont désormais « la dernière chance de l'espèce humaine ».

    b. Targ réclame un privilège en échange de sa découverte : épouser Erê.

    c. Targ découvre une source.

    d. La famille de Targ s'installe à l'Équatoriale des Dunes ; ils font les aménagements nécessaires pour résister aux ferromagnétaux.

    e. Une nouvelle secousse sismique détruit les réserves d'eau des Terres-Rouges.

    f. Un tremblement de terre a lieu aux Terres-Rouges et une expédition est organisée pour porter secours aux survivants.

    g. Targ va s'étendre au milieu des ferromagnétaux.

    h. Targ retire des décombres une jeune fille blessée, Erê ; il en tombe amoureux.

    i. L'oasis des Terres-Rouges se développe grâce à la découverte de l'eau.

    j. Targ recherche de l'eau à travers le réseau de galeries découvert par le séisme.

    k. À son retour à l'Équatoriale des Dunes, Targ découvre qu'elle a subi un cataclysme. Erê et ses enfants sont morts.

    l. Condamnés à l'euthanasie, la famille de Targ préfère quitter les Terres-Rouges et se dirige vers les oasis équatoriales.

....

....

2. ***Dans ses différents romans, J.-H. Rosny a imaginé plusieurs espèces de créatures. Parmi celles décrites ci-dessous, laquelle appartient à* La Mort de la terre ?**

a. « Une fantasmagorie se montra aux nomades. C'était d'abord un grand cercle de cônes bleuâtres, translucides, la pointe en haut, chacun du volume à peu près de la moitié d'un homme. Quelques raies claires, quelques circonvolutions sombres, parsemaient leur surface ; tous avaient vers la base une étoile éblouissante.
Plus loin, aussi étranges, des strates se posaient verticalement, assez semblables à de l'écorce de bouleau et madrées d'ellipses versicolores. Il y avait encore, de-ci, de-là, des formes presque cylindriques, variées d'ailleurs, les unes minces et hautes, les autres basses et trapues, toutes de couleur bronzée, pointillées de vert, toutes possédant, comme les strates, le caractéristique point de lumière. »

b. « De quelque côté qu'on se tournât, on apercevait des réseaux de phosphorescences. [...] Ces réseaux formaient des colonnes lumineuses – horizontales, verticales, obliques – souvent entrecroisées et dont les teintes n'allaient pas en deçà du jaune et montaient jusqu'à l'extrême violet. Des formations lumineuses y circulaient, de nuances variables, faites de filaments singulièrement entrelacés. [...] Après quelque temps, nous nous convainquîmes que les formations circulaient avec une grande liberté d'allure, accélérant, ralentissant leur marche, s'arrêtant en revenant en arrière. [...]
– Est-ce que cela vit ? grommela Jean.
– Doutons-en ! répondit Antoine... mais c'est probable ! »

c. « L'ensemble est plastique et ne comporte aucun liquide. Mais ce qui caractérise surtout les nouveaux organismes, c'est une extrême complication et une instabilité continuelle de l'état magnétique. Cette instabilité et cette complication sont telles que les chercheurs les plus opiniâtres ont dû renoncer à y appliquer, non pas même des lois, mais seulement des règles approximatives. [...] (Ces organismes) sont à la période où le soin de la multiplication domine tout. Néanmoins, ils ont déjà subi quelques transformations importantes. Les écrivains de l'âge radioactif nous font voir chaque individu composé de trois groupes, avec tendance marquée, dans chaque groupe, à la forme hélicoïde. »

d. « Deux créatures surgirent qui différaient de toutes celles que nous avions aperçues [...]. Dressées sur trois pattes, le torse vertical, elles avaient positivement quelque chose d'humain. Leurs visages mêmes, malgré leurs six yeux et l'absence de nez, leurs visages, dont la peau était nue, suggéraient je ne sais quoi d'homologue à notre espèce [...]. Mais comment décrire ces visages ? Comment faire concevoir leur forme rythmique, comparable à celle des plus beaux vases hellènes, les nuances ravissantes de leur peau, qui évoquaient ensemble les fleurs, les nuages crépusculaires, les émaux égyptiens ? Aucun de ces grossiers appendices de chair que sont nos nez, nos oreilles, nos lèvres, mais six yeux merveilleux, devant lesquels nos plus beaux yeux terrestres ne sont plus que les élytres de hannetons ou de carabes... »

3. ***Répondez aux questions suivantes sur les ferromagnétaux.***

Les ferromagnétaux sont de ***nature*** *:*

❑ végétale ❑ minérale ❑ animale.

Ils sont de ***forme*** *:*

❑ hélicoïdale ❑ ovoïde ❑ sphérique.

Ils se ***déplacent*** *:*

❑ très rapidement
❑ à la même vitesse que l'homme
❑ très lentement.

Ils ***constituent une menace*** *pour l'homme parce qu'ils :*

❑ détruisent leurs globules rouges
❑ dessèchent leurs corps
❑ les emprisonnent dans des champs magnétiques.

Pour se protéger des ferromagnétaux, l'homme construit ***des protections*** *en :*

❑ bismuth ❑ arcum ❑ hélium.

4. ***La littérature de science-fiction use de divers procédés pour faire oublier l'irréalité de ses fictions. Pour assurer cette illusion, elle ne cesse de mimer les écrits scientifiques, notamment en renvoyant à des notes de bas de page propres à souligner le « sérieux » de ses hypothèses (cf. note des pages 41-42). Un autre procédé consiste dans un emploi de*** néologismes ***plus fréquent que dans le reste de la littérature. Cet usage particulier de mots nouveaux est un des moyens utilisés par les romanciers pour produire un « effet science-fiction ».***

Voici quelques mots forgés par J.-H. Rosny. Choisissez parmi les trois définitions proposées celle que lui a conférée l'auteur.

Les <u>ondifères</u> sont...

❑ des instruments de communication
❑ des appareils météorologiques
❑ des écrans protecteurs contre les ondes.

Les <u>résonateurs</u> sont...

❑ des haut-parleurs
❑ des calculateurs très puissants
❑ des instruments d'auscultation très sensibles.

Les <u>spiraloïdes</u> sont...

❑ des végétaux résistant à la sécheresse
❑ des moyens de transport
❑ des chefs religieux.

Les <u>planétaires</u> sont...

❑ des vaisseaux interstellaires
❑ des cartes représentant la voûte céleste
❑ des radars très sensibles.

Une <u>radiatrice</u> est...

❑ un appareil de chauffage
❑ un poste de radiodiffusion
❑ un appareil d'éclairage.

Un <u>appareil chromographique</u> est...

❑ un appareil photographique
❑ un appareil de projection
❑ un détecteur de métaux rares.

Un <u>hygroscope</u> est...

❑ un appareil d'observation des profondeurs marines
❑ un instrument capable de déceler des traces infimes d'humidité
❑ un émetteur transmettant des renseignements géologiques.

Un <u>paraboloïde</u> est...

❑ une arme de défense
❑ un miroir destiné à concentrer les rayons du soleil
❑ un gros engin de terrassement.

5. ***Les éléments grecs ou latins suivants entrent dans la composition des néologismes. En les associant, vous pouvez composer des termes forgés ou employés par Rosny.***

-chromie ; ....
hygro- : ....
ombelli- ; ....
hélio- ; ....
sismo- ; ....
-ide ; ....
-fère ; ....
-phore ; ....
-graphe ; ....
ovo- ; ....

6. ***Grandes étapes de l'histoire de la terre et de l'univers.***
Associez chacun des événements suivants avec la date qui lui correspond.

Le big bang	●	●	4,5 milliards d'années
Naissance du système solaire	●	●	2 milliards d'années
Formation de la Terre	●	●	90 000 ans
Apparition de la vie sur terre	●	●	3,5 milliards d'années
Apparition de l'oxygène libéré par les plantes et les algues marines	●	●	65 millions d'années
Disparition des dinosaures	●	●	4,56 milliards d'années
Apparition de l'*Homo erectus*	●	●	2 millions d'années
Apparition de l'*Homo sapiens sapiens*	●	●	15 à 20 milliards d'années

SOLUTIONS

1. L'ordre des séquences est le suivant :
f - h - j - c - b - i - e - l - d - a - k - g.

2. La description c) représente les ferromagnétaux ; elle est extraite de *La Mort de la terre* (p. 48-49). Les autres descriptions appartiennent respectivement aux romans suivants :

a. *Les Xipéhuz*

b. *Les Navigateurs de l'infini*

d. *Les Navigateurs de l'infini*.

3. Les ferromagnétaux sont de nature minérale et de forme hélicoïdale. Ils se déplacent très lentement. Ils constituent une menace pour l'homme parce qu'ils détruisent leurs globules rouges. Pour se protéger des ferromagnétaux, l'homme construit des protections en bismuth.

4. Les ondifères sont des instruments de communication.
Les résonateurs sont des haut-parleurs.
Les spiraloïdes sont des moyens de transport.
Les planétaires sont des radars très sensibles.
Une radiatrice est un appareil d'éclairage.
Un appareil chromographique est un appareil photographique.
Un hygroscope est un instrument capable de déceler des traces infimes d'humidité.
Un paraboloïde est un gros engin de terrassement.

5. Vous pouviez former les mots suivants présents dans *La Mort de la terre* :
hygrophore ; héliochromie ; sismographe ; ovoïde ; ombellifère.

6. Le big bang, 15 à 20 milliards d'années.
Naissance du système solaire, 4,56 milliards d'années.
Formation de la Terre, 4,5 milliards d'années.
Apparition de la vie sur terre, 3,5 milliards d'années.
Apparition de l'oxygène libéré par les plantes et les algues marines, 2 milliards d'années.
Disparition des dinosaures, 65 millions d'années.
Apparition de l'*Homo erectus,* 2 millions d'années.
Apparition de l'*Homo sapiens sapiens,* 90 000 ans.